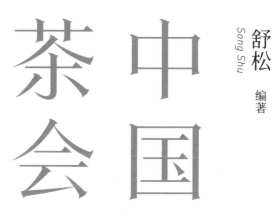

茶会中国

Song Shu 舒松 编著

Chinese Tea Party

世 间 最 美 好 的 相 聚

The Most Wonderful
Gathering in the World

华中科技大学出版社
http://press.hust.edu.cn
中国 · 武汉

中國茶會

胡晓东先生题

引言

中国茶会，
世间最美好的相聚

茶，上天恩赐的好物。

上天有好生之德，而茶之性，在于分享。

品茶的快乐，因分享而加倍。

正因为需要分享快乐，才有了茶会。

有"预谋"的茶会，成就了世间最美好的相聚。

茶有千千万，茶会亦有千千万。
可世间不会有一场重复的茶会。
每一场茶会，一生只可参加一次。
每一场茶会，错过了，就永远错过了。
所以我们要珍惜。
珍惜眼前的景，
珍惜眼前的茶，
珍惜眼前的音乐，
最重要的，珍惜眼前的人。
这就是一期一会的含义吧。

但是，在心灵的某个角落，
茶会不会消失？
或许它一直在那里，
活色生香，
每一次拿起或放下，
每一次嗅香或啜味，
鼻尖或味蕾的冲击，
还是那么真实。

推荐序　茶道、茶艺、茶文化与茶会

范增平

（台湾中华茶文化学会理事长、台湾明新科技大学教授、
安徽农业大学茶业系和中华茶文化研究所客座教授）

惜缘

2022年12月10日接近午夜时分，在高雄出席完茶文化研讨会后回到家，看到舒松先生发来的信息，大意是他编著了一本书——《中国茶会》，即将由华中科技大学出版社出版，邀请我为这本书写一则序言，给晚辈一些指导和建议。谢谢舒松的抬爱，恭敬不如从命。

打开舒松的大作《中国茶会》书稿，全书有条不紊，每个茶会都按照一定流程进行，从茶会创意缘起到茶会的实际呈现，最后以茶友分享作为结束，井然有序的说明配以精美的照片，这是我看的那么多与茶相关的书籍中，在内容和编排上较独特的一本。茶是中华民族的共同饮料，博大精深的中华茶文化是中华民族数千年历史传承而来，已成为中华文化的重要组成部分。在幅员广大、民族众多的中国，茶的种类、产量、品饮方式亦是多姿多彩。茶有不同的风味，人有不同的品位，所谓"茶有随时随地味，人有随缘随喜法"。

老老实实的茶思想才是"王道"

古往今来，人们都在追求成就一杯茶汤，而成就一杯茶汤的目的，不仅仅是为了满足感官享受，更是为了追求精神的全面满足，我们追求的茶汤，不是一杯简单的解渴茶汤，而是一杯伟大的茶汤，希望透过这一杯伟大的茶汤里的内容，让众生真正了解到这杯深具东方文化精华的茶汤所蕴

含的东方人的人生观、世界观和价值观。茶汤作品因而成为追求自我修身"成己"，齐家、治国、平天下"成物"的"王道之饮"。所谓"王"，是代表天地人合一的概念，"道"是道路、真理、生命。"王道"就是"以道德与仁爱为基础做事"，"王道之饮"简单来说，就是老老实实地从实际出发，老老实实地种茶，老老实实地做茶，老老实实地卖茶，老老实实地喝茶，以礼、乐为中心，将我们的社会建设成为有茶有道的社会。

《中国茶会》是一本快乐的书，蕴涵着娱乐恬静；是一本有音乐性的书，奏着高低不一的音符；是一本充满诗意的书，吟唱着优雅柔和的咏歌，又有"大江东去浪淘尽"的壮美豪情；也是一本学习的书，一本生活的书，蕴涵着无尽的哲理知识，引导我们深思品味"王道之饮"与茶会艺术。

茶会与茶文化发展

茶被应用且广泛地成为人们嗜好的饮品后，渐渐地有了以茶聚会的自然要求和形式，而茶文化的一致性和团结性，使得以情感需要为依据的聚会成为人们生活的重要活动之一。

"茶会"是茶文化的重要组成部分，已经流传了几千年，古代有"文人茶会""宫廷茶会""宗教茶会"等各式各样的茶会，并且每一种茶会的侧重点也不尽相同，不仅仅是表现形式的差异，在文化内涵和精神层面也有很大差别。在今天茶文化复兴的时候，根据现代人的需求，还衍生出了许多新型的茶会，比如"无我茶会""欢喜茶会""梅花茶会""日月茶会"等。

我们探讨的"茶会"，包含了两个层面的含义。第一层是相聚品茶，以茶会友，冲泡茶叶，调和茶汤，以品评茶叶制作与泡茶技艺为中心；第二层是茶艺比赛或优良茶比赛的斗茶性质茶会。前者是茶叶爱好者与茶叶消费者联谊性质的茶会，强调的是如何泡好一壶茶的技艺以及如何享受一杯茶的艺术；后者目的在于审评制茶技术高低，或是选购优良茶叶的商业促销活动。不论是举办哪种意义上的茶会，对现代茶产业的发展和兴盛，都会起到重要作用。

何谓茶会

具体来看,什么叫作"茶会"?"茶会"的定义是什么?"茶会"如何界定?

所谓的"茶会",就是"以茶会友"的一种形式。茶会并不是上层社会的专利,也并不一定要有严肃庄重的外在形式,大家轻轻松松地坐在一起喝茶、聊茶,或者聊天议事,只要是以茶为主角的聚会,都可以称之为一种"茶会"。简单地说,"以茶会友",备有茶水、点心的社交性聚会就是"茶会"。茶会的地点可以在自己家里、在野外,或选择一处场所,邀请一些朋友,在一个空间里摆设若干桌椅,摆放一些茶点,大家一起品茶,吃茶食,聊天或讨论事情。

茶会的种类

1. 以人为主的茶会

   为父母、亲人、同学、朋友等举办茶会。

2. 以事为主的茶会

   为节庆、生日、婚寿、追思等举办茶会。

3. 以物为主的茶会

   以品评名茶、工程落成、丰收庆贺等为契机举办茶会。

4. 以时为主的茶会

   在新春、中秋、仲夏等特殊时节举办茶会。

5. 以地为主的茶会

   在海边、山上、湖中等地点举办茶会。

6. 特定主题茶会

先定一个主题,再根据主题选定合适的场所和茶品,邀请茶友们来参加的茶会。比如,天气寒冷时邀请朋友举办一次"围炉夜话茶会";举办"新产品发布茶会";举办专家、教授"讲座茶会"等。

茶会的形式

1. 清品茶会

   围绕着茶的主题，茶人聚在一起，共同探讨和品赏茶的美感的茶会。

2. 调饮茶会

   以下午茶会的形式举办，品尝美食点心，一起享受茶的美好。

3. 主题茶会

   为某一个特定主题或目的而采取某种特定的形式所举办的茶会。

茶会的主办方与茶席的出现

茶会可以由一个茶艺馆主办，也可以由个人策划主办。茶会按主办方可分为两类：社团组织茶会、非社团组织茶会。

2000年以后，出现了一个新的茶会活动名词："茶席"。所谓"茶席"，是对茶会中的茶艺空间设计的总称，包含茶会中有形和无形的要求，比如：茶与茶器具的搭配，茶艺场景设计，喝茶人与司茶人所要遵守的茶艺空间规矩（如：出席茶会时服装要求、茶会程序等）。

"茶席"讲究对茶艺场所的经营以及整个茶艺过程的美感，试图把茶与相关艺术的结合表现于整个茶会中，比如：挂画、插花、焚香、音乐、环境艺术设计等。

其实，所谓"茶席"，就是指喝茶的空间设计，通过器物的安排、环境的布置，与司茶人搭配，达到茶空间艺术设计的整体美感，使得所有出席的茶人，宾主皆欢喜。

《中国茶会》这本书所涉及的内容甚广，读后我的思绪汹涌澎湃，点亮了自己四十多年来所经过的茶路心灯，它也许亮度不够，但毕竟已出现万家灯火，期盼中国茶文化的灯火通明，让茶道回家的路璀璨顺畅。

2022年12月14日凌晨于桃园

自序 关于复兴中国茶道美学的思考

什么是茶技？什么是茶艺？什么是茶道？这几个名词大家随时随地使用着。但实际上，它们三者之间是有着非常大的区别的。

中国人讲"技、艺、道"，实际代表着三个层次和境界。

第一个层次是"技"，指技术、技巧、技能。这个层次需要经过反复、艰苦的训练才能达到。

当这种技能达到相当纯熟的程度，就会上升为艺术的高度，即"艺"。我们有一个词叫"神乎其技"，就是指这个意思。当技术让人为之惊叹的时候，它就有了美学的高度以及审美的价值。

而"道"，是对根本规律的把握和认识。它是形而上的，看不见也摸不着，无色无相，但是它是真实存在的。只有心存正念且技艺高超之人才可感知其存在。

我们说的茶之技、茶之艺、茶之道，其含义亦大致如是。

楚天茶道是2010年创办的。

为什么叫"楚天茶道"而不是"楚天茶艺"？实际上其中有一个很认真的考量。

当时大多数人认为中国是没有茶道的，中国只有茶艺，而日本才有茶道。

这个说法给我们很大的刺激，促使我们想进一步了解茶的历史，思考关于"道"的学问。

我们稍微读一下历史书，就会发现日本的茶道，从茶籽到制茶再到饮茶，整个仪式以及器物几乎都来源于中国。在此基础上，他们又加以日本化的改造、定型。

日本最古茶园，其茶籽来自中国

因此，如果要说日本有茶道而我们中国没有，这是很难说通的。在这个情况下，我们就大胆地叫了"楚天茶道"。

为什么说"大胆"？因为在我们中国的文化中一般是不自称为"道"的。我们有医馆，却很少叫医道馆；我们有武馆，却很少叫武道馆；我们有书法培训中心，却很少叫书道馆；我们有茶艺培训中心，却很少叫茶道馆。实际上这是我们中国人的一种谦虚，而且也是源于对"道"更深刻的理解。

"以茶合道"茶挂

我们的茶文化培训中心地处湖北武汉，这里历史上属于楚国，所以我们就叫了"楚天茶道"。立足楚地，复兴茶的文化，这就是楚天茶道的初心。

我们在楚天茶道的墙上挂有4个字——"以茶合道"，这也是楚天茶道的核心追求。

在古代，从神农氏最初发现茶，到人们开始利用茶，那时候是顾不到所谓美学的。那时的茶是解毒的、救命的茶，慢慢地才成了日常生活饮用的茶。我觉得可能是到了唐朝前后，我们才开始看到一些文化人关注茶与艺术、美学的关系了。

唐代的刘贞亮先生提出了著名的"茶之十德"，他认为茶有十大好处即"十德"。其中一"德"是"以茶可雅志"。就是说茶可以培养我们高雅的志趣、美好的情操。

所以我觉得可能是在这样一个时代，甚至再往前推一点，我们中国开始有了真正的茶文化的提炼。也是在唐代，我们看到了陆羽的《茶经》。

陆羽讲到了茶人精神"精行俭德"，实际上就是在哲学层面上、道德层面上做了很多的提炼。陆羽本人没有直接讲茶道美学，但是如果大家认真去读读《茶经》，就可以看到陆羽在《茶经》中用了大量优美的语言去讲述他对茶的理解，包括对茶饼的不同形态与外观的描述。陆羽还讲到如何在山林里面达到一种最佳的品饮状态。所以我个人觉得茶和我们培养情操是有直接关系的。

刘贞亮《茶之十德》

陆羽

楚天茶道的定位是做茶的基础教育。我们有一个愿望，希望借助一杯茶把纯正的中国传统美学带到我们每个人的日常生活中去。为此，多年来我们举办了各种主题的"狠茶会"。

我们最高兴的是我们茶学员学了茶艺或者评茶之后去跟家人一起泡茶，泡给自己的先生、太太、孩子、爸爸、妈妈，带着大家一起玩茶。你也可以把茶带到单位去，空闲时间跟同事一起玩茶，你也可以教他们泡茶，一起享受茶的美好。

我们有很多优秀的学员，学了茶之后带动了自己周围的圈子一起玩茶，一起享受茶。

从美学传播的角度来说，我觉得这是值得开心的一件事情。这十多年来，通过诸多茶人的不断努力，还有其他热爱传统文化的同仁们的努力，中国的茶道审美在逐步恢复之中。

今天有了茶汤、茶席、茶空间，甚至茶挂，我们对茶的鉴赏力得到了很大的提升。

改变有时候是潜移默化的。十年放在历史长河中是很短暂的，但是其间已发生了显著的改变。

我经常讲，我们每个个体对美好事物的鉴赏力跟个人幸福感是有关的。当我们懂得了辨别好和不好，懂得了辨别美和不美，懂得了辨别善和不善，我们就拥有了鉴赏力，当我们有了这种鉴赏力和美学品位的时候，我们一定会更加幸福。因为我们会远离一些不好的东西，不美的东西。幸

胡晓东茶挂《室闲茶味清》

无名山房，隐于山林的茶空间

福其实是选择的结果，拥有了鉴赏力，就拥有了选择的能力。

今天人们的表现跟十年以前人们的表现是不一样的。今天有了更多的爱茶人士，他们宣扬传统文化。在这一点上，我们是能够感受到差异的。

我们身边的朋友，当一个人爱上了茶，慢慢养成了喝茶的习惯，他的变化是自己能够感受到的，他的朋友也能感受到他气质变化的影响。我们茶圈有一个专门的说法叫"有了茶味"。

爱茶懂茶的女士，她的茶味会让她的气质越来越高雅。这种茶味，实际上是一种儒雅之美，一种知性之美，一种温润之美，这种美就是我们中国茶道美学的一种呈现。

我觉得中国传统文化有一个特点，它是一种真正滋养身心的文化。中国传统文化中呈现出来的美一定是能够让你养生的美。所以我们古代的画家、书法家、茶人，他们总体上都比较长寿。

复兴茶道美学不仅对整个国家、民族有一定价值，而且对我们个人的身心都是有益的。

做茶文化传播，我们经常会遇到各种困难，要解决各种问题。但只要你有一杯茶，有一分茶知识，那么去分享茶和茶的知识，就是在做善事，

做好事。

茶具足十德。对于中国人而言，茶即生活。虽然传播茶文化时困难在所难免，但我们不会放弃，我们也自有我们的智慧和勤勉。

我们也不需要妄自菲薄，因为我们可以从中国传统文化中不断汲取养分。在茶道美学的路上，坚持每一个微小的努力，就自然会走到一个更美好的明天。

春季茶会

海棠成诗，头春头采

茶会创意缘起

在海棠花繁盛的三月，最惬意的，
莫过于在海棠树下摆下一桌茶席，
随着飘零的海棠花瓣，
以春光佐茶，细品香茶，
肆意享受春日里闲适的慢生活。
何况，此时几款头春头采的绿茶与黄茶，
已率先上市。

狼茶会
No.96

海棠成诗

| 头春头采品鉴会 |

2021.03.14

楚天茶道

茶会创意关键词

海棠赏春、头春头采绿茶及黄茶

茶品组合设计

1. 广成仙谷绿茶——鄂西北茶王季广成监制
2. 恩施玉露——非遗传承人张文旗监制
3. 蒙顶黄芽——非遗传承人柏月辉监制
4. 鹿苑黄茶——非遗传承人杨先政监制

茶会实际呈现

地点：武汉，归元寺，归元图书馆前庭花园
时间：2021年3月14日下午，龙抬头

无人会得东风意，
春色都将付海棠。
春来归暖，天朗气清。
伴着温熏的阳光，
所有人都对"偷得浮生半日闲"有无尽的向往。

高雅的品茗环境-茶会布置

娇美海棠化成诗句

茶汤的呈现

每一款茶，都是头春头采

主泡茶师之一——舒桐老师

主泡茶师之二——徐云老师

海棠成诗，头春头采。
今天是龙抬头的日子，
天气晴好，我们在带着书香的归元图书馆前，
在观音菩萨的注目下举办这样一场美好的茶会。
四款传承人的茶，每一巡头春头采茶都由一首与之相关的古典诗句引出。
再迟几天，就只有等到明年才能再次欣赏到海棠之美。
因心生欢喜，真的会忘记时间；
因心有所感，今天的茶友都变成了诗人。

海棠花树下，且品头春佳茗

春光值千金，茶友共此时

　　不知不觉跟着楚天茶道一起走过了 5 年的时间，从"一片叶子的故事"开始，我与茶结下了很深的缘分，也因此成为楚天茶道"狠茶会"的会员！每一次茶会，都能遇见相似而有趣的灵魂；每一次茶会，都是满载而归，收获满满；每一次茶会，都是为了遇见更好的自己！"金风玉露一相逢，便胜人间无数"！人世间最美的风景莫过于看见自己的内心，用一盏茶的时间来感知生命的美好和力量……"花间一壶茶，酌饮心开怀"。

　　　　　　　　　　　　　　　　　　　　　　　——茶友柳宇芊

　　再次感受到楚天茶道的细致和用心！在阳光明媚的春日，借归元禅寺的一方宝地，拥善解人意的垂丝海棠，习经典茶诗，品头春头采，闻香、润心、爽口、养眼，增长知识，喜不胜收！感谢楚天茶道"狠茶会"！

　　　　　　　　　　　　　　　　　　　　　　　——茶友玫霞

　　春天已经大踏步地来了。归元图书馆门前的海棠花开得正艳。今天下午，楚天茶道"狠茶会"走进归元禅寺，在海棠树下，在观音菩萨像下，我们举办了一场别开生面的户外茶会。今天共品饮了四款茶，其中两款绿茶、两款黄茶。绿茶鲜爽，黄茶香醇，都是标杆级的好茶。在品饮每款茶之前，我们还集体诵读了一首诗词。在春光里，在阳光下，我们被春天和太阳融化了！在回去的路上，我还在回味今天茶会的美和雅，胡诌了一首小诗，特此留念：

海棠花开满园春，千朵万朵雪纷纷。
禅茶一味细细品，归元不二有多门。

——茶友龙猫

海棠花开禅院深，一缕茶香入佛门。
阳光普照龙抬头，慈悲护佑天地人。
　　　　　　　　——茶友杨小红

立春茶会

二月，
愿所有的美好如约而至。
愿你的二月，
心中有景，春暖花开；
愿你的二月，
心中有盼，心想事成。

立春

收和印家·音你而来

团幕展·音乐茶会

2021.02.03

一场春归
为所有希望开端

今日立春 宜健康 宜团圆

TODAY IS THE BEGINNING OF SPRING
HEALTHY AND HAPPY

茶会创意关键词

唐乐、宋茶、祈福

茶品组合设计

这次，我们把唐乐带入小楼莲花，
品茶听琴，弹指一挥间，唐乐、宋茶交融，
让茶友们享受这美好的下午时光。
借着立春时节，我们咬春，吃春卷，
把想对你说的话藏在签内，
把美好的祝福送给所有人。

茶会实际呈现

茶会创意：小楼莲花
地点：武汉，东湖，小楼莲花茶馆
时间：2021年2月3日下午，立春

箫演奏

茶的呈现

吉语祈福

点燃火把烤起茶

古风烤茶

火塘祈福

茶友分享

东湖之畔，
小楼莲花，
立春祈福，
品茶赏曲。
这些年来，我们丢失了很多东西，
其中，包括东方审美生活方式。
现在，该一点一点地重新萌发了。
生活需要一点仪式感。
生命需要这样的半日闲。
临湖吟诗，火塘夜话。
春天在真诚的祝福中悄悄地来了……

　　　　　　　　　　—— 董宏猷老师

莫负春光，且饮春茶

茶会创意缘起

梅花谢了，樱花开了。
惊蛰到，春雷震。

中国最早萌芽的春茶已次第上市。
我们收到了四款春茶，
量不多，
但我们已迫不及待地要和茶友们分享，
第一口春天的味道。

「走進東湖和武堂」

莫負春光／且飲春茶

楚天茶道

和武堂茶馆

茶会创意关键词

早春茶、第一口春天的味道

茶品组合设计

1. 乌牛早绿茶——广西三江
2. 蒙顶甘露——四川蒙顶山
3. 广成仙谷绿茶——湖北襄阳
4. 恩施玉露——湖北恩施

茶会实际呈现

地点：武汉，东湖，濒湖画廊，和武堂茶馆
时间：2021年2月3日下午，立春

　　第一口春天的滋味：四款头春头采绿茶的对比品鉴。

　　从广西乌牛早，到四川蒙顶甘露；从恩施玉露，到襄阳广成仙谷绿茶。

　　樱花正盛，茶香正浓，东湖走入最美的季节。

　　怎可辜负这属于春茶的曼妙时刻。

四款早春绿茶的叶底呈现

春日慢慢，
草长莺飞，
浮生若梦，
为欢几何。
莫负春光，
且饮春茶，
一口春茶，
饮尽，人间春三月。

莫负春光，且饮春茶。周末在东湖和武堂，面对湖光山色，一树樱花，品到了四款早春绿茶。中国六大茶类里，我偏爱绿茶，因为它的鲜爽，就像茶界鸡汤。

更为荣幸的是，今天我受邀当了一次主泡。随着身份的转变，心态也大为不同。作为品茶者，心情是放松自在的，可以细细体会每种茶、每一泡的特点。作为主泡，更多想的是怎么泡好这杯茶，在投茶量、水温、注水方式、出汤时间上要注意各种细节。相同的茶，不同的人会泡出不一样的味道。不得不说，我和马兰老师还有差距，我还有提升的空间啊！非常感谢楚天茶道给我这次学习的机会。

其实我的寻茶之路也是在楚天茶道开启的。今天喝到的第四款茶——广成仙谷，几年前我在原产地喝过，在季广成老师指导下，自己亲手采摘茶青。翻看朋友圈，那是2016年4月18日，那时的我，还是茶叶"小白"，现在的我，依然在学茶的路上。

鲁迅先生说：有好茶喝，会喝好茶，是一种清福。我已经享了好几年福，喝到的好茶愈多，这种感悟也愈深。

另外，今天的茶点米糕也很好吃，口感和绿茶很配，真的很用心。我现在在去买同款茶点的路上，和家人朋友一起分享。

——茶友徐云

春寒料峭，连日的阴雨，今天终于打住。又是一个周日，东湖梨园景区内和武堂茶馆中，楚天茶道以绿茶为主题的一期"狠茶会"，如约举行。

今天品饮的四款绿茶，都是明前优质绿茶。作为绿茶，毫多、鲜爽、嫩度高是它们的共性。但这四款绿茶因产地、工艺的不同，香气和滋味还是有细微的差别。

如果用一个字分别概括四款茶的特点，那么，酷似龙井的乌牛早，因来自广西，采摘特别早，故可以用一个"早"字来概括；蒙顶甘露口感鲜甜，故可以用一个"甘"字来概括；采用蒸青工艺的恩施玉露因为汤色格外碧绿，就像碧玉一样，故可以用一个"玉"字来概括；广成仙谷饮之如入仙境，这完全依赖于它的生长地那世外桃源一般的景致及良好宜人的生态，故可以用一个"仙"字来概括。

虽然天气阴冷，但东湖周围已经明显有了春天的气息，樱花已经盛开。喝了今年的明前绿茶，我们已经把初春的味道，悄悄地留在了心底。

——茶友龙猫

夏季茶会

夏日荷风：莲之遐思——听涛荷岸茶会

在夏日做户外茶会，并不是一件容易的事情。但是荷花盛开，荷叶满塘，天赐美景，怎可辜负？四季茶会，怎可缺此一季？古人可是更愿置身户外，放松身心于山水之间。

于是有了我们这场夏日荷风琴茶会。一场夏日的暴雨过后，天气仍然炎热湿润，然莲动荷风，更显清爽怡人。三五知己，或茶或琴，耳目之愉，唇齿之香，以表追慕古代圣贤之意。与天地同化，虽不能至，心向往之。

夏日荷风。

琴茶会

○ 2021
08/21

楚天茶道

　　宋代周敦颐所著的《爱莲说》，写活了莲的魂。自它以后，莲的魂就永久地活在国人心上。

　　我们往往认为高尚、高洁的东西才配拥有精魂。

　　像"匠人""匠心""道"一类的词汇，都是人的精神升华到一定高度以后的文化产物。

　　一如茶人对茶道的虔诚，花匠对花道的衷心。

　　水陆草木之花，可爱者甚蕃。 国人中很少听说有不爱花的。古来，国人中爱牡丹的有，爱菊的有，而今天，爱莲的人亦不胜其数。

　　时值八月末，不日便是处暑。

　　前阵子烈日炙烤，热浪来袭，又湿又热，叫人好不难受。

　　如今好了，一场暴雨过后，正好可以抓住江城夏日的尾巴，赶赴一场"夏日荷风"的约会了。

　　辛丑年丙申月辛丑日，是日晴。

　　楚天茶道将友人约在东湖。

　　早就期待的这场"夏日荷风"主题茶会，今天终于等到了。

　　日光和煦，东湖听涛景区荷岸边，爱茶之人，茶会言欢。

　　以茶为媒，以琴动人，凉风徐徐，琴声袅袅，花香阵阵，好不醉人。

　　"予独爱莲之出淤泥而不染，濯清涟而不妖，中通外直，不蔓不枝，香远益清，亭亭净植，可远观而不可亵玩焉。"

这大概是对莲的盛赞中，最无可比拟的描述。莲之爱，同予者何人？

当初所以爱茶，不过因为对美好的向往，对信仰的笃定。

愿饮尽世间茶，觉遍世间美。

无论是清美宛若窈窕淑女的莲，抑或是杯中清香弥漫的茶，都是我们追求和向往的。

秋季茶会

于秋韵中品味茶香

于秋韵中品味茶香

茶会创意关键词

骏德梁匠

秋日微雨，
赴一场银杏之约。
在深秋感受秋韵，
于秋韵中体会"芬芳绽放的背后，是匠心的守望"。

非遗传人
匠心巨献

巨匠·金骏眉
大匠·莲花出水
良匠·千芳盡品
工匠·正山小種

狼茶会
No.35

茶品组合设计

茗一：工匠 ｜ 正山小种
茗二：良匠 ｜ 千芳尽品
茗三：大匠 ｜ 莲花出水
茗四：巨匠 ｜ 金骏眉

茶会实际呈现

地点：武汉，楚天茶道
时间：2018年11月26日

银杏的颜色，比昨日更深了一些，

伴随着桐木里的茶香，与你相逢。

静候每一分自然的赐予，促成茶与水最好的邂逅。

我们期待，能用一杯温暖的红茶，

让你拥抱大自然的甘醇，享受更多秋日的喜悦。

今日的茶会没有过多的环节，茶友至则茶会始，一切尽在茶中。

工匠：正山小种

　　紧结乌润，汤清水甘，
　　松烟正味，桂圆汤韵。

良匠：千芳尽品

　　汤感如丝般细腻妥帖，饱满甜润。数泡之后，标志性的山野韵味在口中萦绕。

大匠：莲花出水

　　花香水柔，醇厚甘润，汤靓耐泡。

　　独特的生长环境孕育独有的特征，再经福建省非物质文化遗产正山小种红茶制作技艺传承人梁骏德师傅潜心研发，该茶既带花香，又不失醇厚的滋味。

巨匠：金骏眉

　　汤如琥珀，花果蜜香，绵滑似绸。

　　琥珀般清透的茶汤在舌尖留下了鲜爽，柔和如暖阳、绵软似绸缎；花、果、蜜香扑鼻而来，任谁也无法抵挡。

楚天茶道安雅老师、晓蓉老师以高超的冲泡技艺带茶友们品味大师制作的茶。

银杏茶会伴随着桐木茶香和轻声细语，又消磨了一个美好午后。

【工匠】正山小种：外包装时尚，相较于以前的那款正山小种，此款烟味更柔和，汤感入口更细腻。旧款武气，而新款感觉更文气些，应该更受女茶客的欢迎。

【良匠】千芳尽品：梁骏德大师新作，茶汤金黄如一杯琥珀盛在杯中，入口丝滑细腻，花香里裹着一股果香，花香散后果香挂在了杯壁上，末了的果香味把我惊艳。

【大匠】莲花出水：梁骏德大师新作，汤色清澈金黄，入口醇厚，花香满溢，果香略弱，杯底花香明显而持久。

【巨匠】金骏眉：梁骏德大师首制，4年前第一次喝到它，就被它惊艳，茶汤里的花香、果香、蜜香都被记下来，从此，只爱骏眉梁。巨匠金骏眉，开汤后，熟悉的花香、果香扑面而来，汤色金黄而透亮，杯底又嗅到桐木关的韵味。

感谢楚天茶道的邀请，感谢安雅老师和易老师的冲泡，四款新品，款款都有特色，花香、果香、蜜香真的无法抵挡！

——茶友

东湖上——在野煮茶

古人煮茶，偏好室外，
在野无涯，心无边际。
烹的是时光，喝的是心境。

东湖煮茶，是我们再次的约定，
与和武堂一起，再次煮茶，
树下看叶落，耳听炉水沸。

楚天茶道&和武堂狼茶会第68期

在野煮茶

东 / 湖 / 上

楚天茶道舒桐老师

茶席的布置

茶会创意关键词

东湖里，在野煮茶，
如花在野，如心离尘，
自在是生命最好的样子。

秋风习习，在野无边，
秋色是最好的茶席，
人生似水岂无涯，浮云吹作雪，世味煮成茶。

知道你会来，
因为我们都偏爱生命中的柔软时光。

闲坐东湖和武堂阶梯上，
静听堂前秋风起，岁暮落叶又翻书。
晚秋不寒，却有阵阵凉意。
小坐，煮茶。

茶品组合设计

茗一：政和白茶·大宋茶砖·老青砖茶

茗二：19年熟普金砖

茗三：老青砖茶

茶会实际呈现

地点：武汉，东湖，濒湖画廊

时间：2019年11月

楚天茶道&和武堂第68期很茶会

在野煮茶

东 / 湖 / 上

风炉

茶会之前的静心茶艺——马兰老师

煮茶，是茶的鞠躬尽瘁。

老茶在最后一刻绽放的光芒胜过以往所有年轻时刻。
茶叶在水与火的催化下尽情释放，
用尽全部的生命能量，
只为给茶人们带来一瞬间的感动。

煮茶，不是一件容易的事，
我们遵循陆羽的品鉴标准：
煮茶，要煮出"珍鲜馥烈"，才是一壶好茶。

并不是所有的茶都适合煮饮，
老生普、老熟普、老白茶、老黑茶、米砖茶等茶更适合煮，
且要冲泡与煮结合，
才能做到浓淡相宜，
充分感受到茶的色、香、味。

候汤

煮茶知识的现场讲解

茶会吸引到一群外国友人的注目

静候茶汤熟

楚天茶道&和武堂第68期狠茶会

在野煮茶

东 / 湖 / 上

奉茶

静待茶香

一期一会，永恒的瞬间

仪式是一件很重要的事。
而对于老茶客来讲，
喝茶，本身就是一种仪式，
一种还原自我的生活方式。

坐于茶席前后，
既不张扬，也不卑微，
反而是一副，
与世无争的样子。
烧水煮茶、煮水点茶，
将这种仪式感，
与生活之美，
融合得恰到好处……

当这种精致，
成为日常，
也便成了，
生活美学的本义。

冬季茶会

小楼莲花 · 冬至茶会

　　岁暮拥冬，相约一席穿越千年的宋代美学茶宴。

　　小楼莲花联合楚天茶道推出"政和印象"印级白茶展，穿越时空，通过一杯茶，将我们带入那个茶的盛世。

冬至 · 茶 · 宴

岁暮拥冬 相约一席穿越千年的宋代美学茶宴

政和印象 · 展

小楼莲花：展空间 · 第三展

政和印象 · 为了这一口等了九百年：2020年12月22日开展

小楼莲花一直秉承分享美好事物的理念和"将茶美学融入生活"的初心，此次的"政和印象——为了这一口等了九百年"白茶展，把如玉在璞的白茶呈现在更多茶友的面前。

大观，宋徽宗年号。

政和，因茶得名第一县。

一切要从九百年前说起，在这里穿越时空对话徽宗，把无与伦比的白茶展示给人间。

"至若茶之为物，擅瓯闽之秀气，钟山川之灵禀，祛襟涤滞，致清导和，则非庸人孺子可得而知矣，中澹闲洁，韵高致静。则非遑遽之时可得而好尚矣。"——宋徽宗《大观茶论》

福建政和制茶的历史极为悠久，最早可追溯到唐代。在宋代，政和已成为重要的北苑贡茶主产区，被文人誉为"北苑灵芽天下精"。

政和印象·茶

　　茶是东方美学的起源。在小楼莲花，茶生活是主旨，一桌一椅、一器一具、一花一草、一字一画……无时无刻、无处不在地展现着东方美学中的美好、清雅、古朴、明净。

　　让传承成为一种潮流，把美好变成日常。

　　小楼莲花主理人彭靖女士通过一杯政和白茶，还原一场精致风雅的宋代茶会，将现代生活元素点缀其间，营造"古"与"今"的约会。

SPACE | EXHIBITION

冬季茶会 ／

政和印象·宴

　　茶宴是由茶菜、茶点组合而成的，茶宴是茶菜、茶点最集中、最完美的表现。单一的茶菜、茶点，虽然有其独特风采和风味，却难得体现整体的魅力与震撼力。

　　这次小楼精心创意，将白茶中最高等级的白毫银针包到饺子里。冬至已到，用银针茶饺宴请来宾，用最幸福的美食温暖客人们。

政和印象 · 乐

听茶，是一种享受，体味清静，体味快乐，体味人生；

听茶，是一种心态，放松心情，净化灵魂，放下情愁；

听茶，是一种境界，一种参悟，从中听见生命的欢歌。

此次茶会邀请了著名的琵琶演奏家陈春老师为大家带来精彩的演奏，琵琶入心，白茶沁脾。

雅乐茶会

听雨——古琴茶会

茶会创意缘起

"听雨"古琴茶会

茶会创意关键词

当琴人遇上茶人

当琴人遇上茶人，这悠悠雨声会有怎样奇妙的变化？
一世荣华，不如半山听雨。

半山听雨，品一种静谧，不自觉地忘了俗世的烦恼喧嚣。
半山听雨，享一种闲暇，得一片悠然清绝的心世界。

聽雨

古琴茶会

2021
04/25
繁一阁

杨青 | 著名古琴家

舒松 | 楚天茶道

茶品组合设计

茶与古琴

茶会实际呈现

琴茶结合，品茗听曲

地点：武汉，繁一阁

时间：2021年4月25日

风，轻轻地吹，

雨，慢慢地下，

夜色，渐渐地弥漫过来，

四周都是雨的吟唱。

放下心中的一切烦恼与忧伤，浮躁与焦虑。

于寂寥中，听到一份静怡、一份淡然。

静心听来，能听见灵魂深处的声音。

著名古琴演奏家杨青老师与著名琵琶演奏家陈春老师合奏《关山月》

郑道娥老师（杨青老师入室弟子）演奏古琴

聆听杨青老师现场版《半山听雨》，

直入我心，余音绕梁，三日不绝！

一杯茶，一支曲。

贺楚天茶道、繁一阁与杨青大师"听雨茶会"圆满举办。

感恩所有相遇的缘分。

——晓蓉老师

昨晚的琴茶会，沉醉在师父弹的《半山听雨》中，享受自在的品茶时光，心素如简，人素如茶，琴茶知味，岁月静好。听琴，品茶，与自己对话……

——郑道娥老师

"偶得悠闲境，遂忘尘俗心。始知真隐者，不必在山林。"

喜欢上古琴，缘于《半山听雨》，今日有幸，能见到杨青老师，并现场聆听，深深折服于杨青老师的家国情怀与横溢的才华。

听琴品茗。

耳得之而成声，目遇之而成色。

琴声旷达悠远，茶汤层次分明。

茶至第三席，回首，竟有恍若隔世之感。一旁的茶友说道："三生三世"，众人听到，都抿嘴笑了……

——黄燕华老师

听琴——仲夏夜的琴与茶

茶、音乐、画扇

古时的曲水流觞，
是坐在水渠两旁，
在上游放置酒杯，
任其顺流而下，
杯停在谁的面前，
谁即取饮，彼此相乐。
如今我们以纱为水，
放置茶杯，一边饮茶，一边听曲，
仿佛也感受到了一种别样的风雅之趣。

無上清涼

张祐埕 琴・箫 讲弹会

聽茶 陆

时间｜2019.07.19（五）19:30-21:00

主办｜楚天茶道

聽茶

澄性不可污
為飲滌塵煩
此物信靈味
本自出山原

歲時乙春

音乐曲目

箫：《秋意浓》《平沙落雁》
琴：《酒狂》《流觞》《忘忧》《高山流水》《白雪》

茶会实际呈现

地点：武汉，楚天茶道
时间：2019 年 7 月 19 日下午

雅乐茶会

一

因为有张祐堃先生的洞箫和古琴，

因为有一群意趣相投的好友，

像有风从我们的心田吹过，

今晚伏天之夜有了凉意。

茶，是可以听的，

就像好的音乐是可以品的。

　　一把素扇，或以刺绣，或以水墨，绘上草虫花鸟，配有诗词歌赋，精巧雅致。自古团扇便是纳凉的物品，古时的女子偏爱手执一柄团扇，半遮素面。

　　听茶间隙，一蓓老师用水彩简单地勾勒，便将夏日风景留在了团扇里。

　　今晚应舒松先生邀请在楚天茶道聆听了武汉大学古琴研究中心张祐堃研究员的"无上清凉"演奏会，欣赏了他演奏的《秋意浓》《酒狂》《流觞》《忘忧》《高山流水》等曲目，在沉郁苍凉、如泣如诉的乐曲中感受到久违的天籁，这是高雅的阳春白雪。

　　张先生每次乐曲终后的解说，时而志承高远，表现出对生命终极意义的探索，时而深入浅出，诠释音乐在世俗社会的跳跃和触动，诉说了一个艺术家的不懈的求索。

——万里茶道专家刘晓航教授

听梅——东湖小梅岭音乐茶会

听箫、赏梅、品茶

与春风把歌言欢，
在茶中品岁月滋味。

狼茶会 No.92

听梅

音樂茶會

東湖小梅嶺
梅開待春來

茶会实际呈现

地点：武汉，东湖
时间：2021年2月23日下午

武汉的春天是被梅花叫醒的。
春风已至，梅花绽放，
二月正是赏梅的好时节。

大音希声，梅花不语，
梅花，站在瘦瘦的枝头，
以一种独特的姿势恪守最初的心愿。

箫友曲目

农新瑜：《痴情冢》

陈金安、宗道：《铁血丹心》

婉仪：《知音》

宗道：《雨霖铃》

灵君：《大鱼》

唯美：《忆江南》

舒松：《关山月》

余志坚：《秋江夜泊》

农新瑜：《梅花三弄》

《卜算子》一

何处探春心，请向梅枝嗅。

岁岁花开岁岁香，总是香如日。

自古多情人，花下流连久。

更待寒宵月夜时，再煮梅花酒。

《卜算子》二

新蕊朔风中，疏影斜阳后。

万艳千红次第开，满院清香透。

芳径小溪边，有美人来否？

应照娇姿浅水中，影共梅花瘦。

——箫友西门吹笛

一树红梅迎风招，

乐声悠扬笛与箫，

香茗一盏浅浅醉，

春和景明是今朝。

——茶友龙猫

雅赏茶会

对花啜茶——袁本濂插花作品雅赏茶会

茶会创意缘起

秋天，是一个品茶的好季节。

泡一壶秋天的温茶，赏一抹秋天的颜色，往日的思绪，总能在茶里浸润、散漫开来。

茶事里，还有许多心情的际遇。

让我们放下心中思虑，将茶香握在手中，吃茶、赏花、共度秋日午后……

秋色中一杯清茶，沉积着生命的况味，如同秋日的深沉一般。

秋饮一杯暖茶，更能使人神清气爽。

四季轮换，秋天已至，饮一杯茶，告别夏天的浮躁，迎接秋天的美好。

茶品组合设计

茗一：2021年茉莉银针

茗二：2021年莲花出水

茗三：2020年牡丹王

茗四：2021年金玫瑰

"花貌在颜色，颜色人可效。花妙在精神，精神人莫造。"

在秋高气爽之际，赏一处花，感叹生命之绚，领悟百花之妙。

开花的过程，是花努力把自己最美的一面展现出来；而插花，就是把花最美的一面用起承转合的方式再一次呈现出来。一半天工，一半人为。这就是插花的魅力所在。一件插花作品，其生命力多则几天，短则不到一个小时。

我们以一场茶会来欣赏花之美，致敬自然之伟大，以图片试图留住这种美，然而内心还是伤感地明白此刻的呈现终将逝去。就像这场茶会也只有一期。好在春去春又回。啜苦咽甘，且饮此杯，谁解千芳醉？

闻花饮茶，是对生活的讲究；

品茶赏花，是对美好的享受。

有幸能与大家度过一个对花啜茶的美好午后。

茶友分享

一期一会，是修行。

生活原本就是美好的，就看你有没有一份感知美好的心境。

楚天茶道，可以帮助我们感知美好。

感谢袁老师带给我们这么美好的视觉享受。

——茶友刘萍

不期而遇。

每次都是美好。

感谢楚天茶道的美学，给生活带来一丝甘霖。

花如是，道如是。

——袁本濂老师

云昙优钵——胡晓东茶挂雅赏茶会

茶会创意缘起

我国自古就有"坐卧高堂，而尽泉壑"之说，在茶室张挂字画的风格、技法、内容能表现主人的胸怀和素养，所以茶挂很受重视。

茶室之美，在于简朴，在于素雅；而茶挂是茶室之中最重要的精神元素之一。

茶会创意关键词

茶挂

茶会实际呈现

地点：武汉，楚天茶道

时间：2019年9月7日

  茶事里有必不可少的三件器具，即挂轴、茶罐和茶碗。在这三件器具里，最重要的是挂轴，茶挂常常被认为是茶事中的"第一道具"。然而，当代茶空间与茶事活动中最容易被忽略的也是挂轴。

  茶挂之所以能成为茶事中的第一道具，除了缘于挂物本身具有的文化艺术价值之外，也因为茶挂在茶会中往往示意着茶会的主题，体现了茶人的用意。

  茶挂往往集中了禅语、茶道与书法等多种艺术形式与审美诉求，可以说是一种综合的艺术展现形式。

  在人们的印象中，一幅字画，往往被装裱精致地放置在全白的墙体上展示，不论其题材如何变化，从呈现形式上来说总给人一些距离感和苍白感。

  然而，此次茶挂展，我们于茶室之中呈现的不仅局限于一幅字画，而是整个空间潜移默化间造就的氛围和意境，向茶友传达全新的美学感受。

无名山房——一盏清茗酬知音

茶会创意缘起

无名山房，素食养生名满堂，一盏清茗酬知音。

茶会创意关键词

素食茶会

無名山房

素食养生名满堂 一盏清茗酬知音

素食

雅赏茶会

茶会实际呈现

地点：武汉，无名山房

时间：2019年11月29日

步入山房，幽静与玄妙之感油然而生。

这里是一处适合慢呼吸的生活美学空间。

山石、老木积累的山中岁月成为无名山房的一部分，

静止的房子就这样有了生命的味道，

进入房子，迎面来的便是山乡独有的新鲜气息。

山房所用之物，虽非金贵之物，却皆清雅精绝之器。

无名山房，给予你最自然、最妥帖的平静。

没有过多指引，留白的空间才有无限可能。

茶艺、古琴、书画、插花……

你对诗意生活所有的想象，都在这里。

敬天愛人惜物

见山——张志纲大漆雅赏茶会

漆艺与茶器的相聚，
恰如我们的相逢，
遇见，即是美好。
本期特邀您与我们一起，走近大漆，感受艺术的魅力！

张志纲大漆艺术展
雅赏茶会

Chi Art *2021*

展会开幕，张志纲老师通过讲座《观宋画识漆器》，向大家普及了关于漆器的知识，让大家对漆器有了一定的了解，以便接下来观展。

当漆艺遇上了茶器，

当我们遇到了茶。

上午的艺术展给了我们一场视觉盛宴，

而下午的茶会又让我们收获了味蕾的享受。

人生就是一场又一场的相遇与离别，
偶然相遇，蓦然回首，
都会给我们留下美好的回忆，
愿我们每个人的生活，都有艺术与茶香伴随左右。

大师建盏雅赏茶会

茶会创意缘起

赏大师级建盏

茶会创意关键词

建盏

茶品组合设计

茗一：杨丰作品·茉莉银针

茗二：金边奇兰

建盏

雅赏茶会

入窑一色

出窑万彩

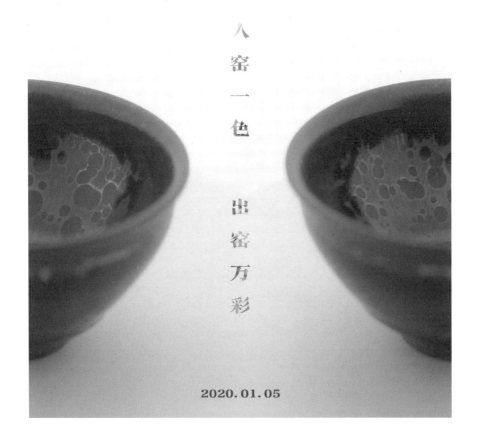

2020.01.05

茶会实际呈现

宋代建盏残片
许家有建盏
吴兴乾建盏
孙莉建盏
孙建兴大师建盏

地点：武汉，楚天茶道
时间：2020年1月5日下午

建盏，黑瓷代表，主要是一种底小口大、形如漏斗的小碗，因产地为宋建州瓯宁县，故称之为"建盏"。茶界称它是"唯一为茶而诞生的茶器"，陶瓷界称它为"土与火高难度结合的艺术"。

　　武夷山除了好茶，另外一种瑰宝那就非建盏莫属。

　　建盏，产于福建北部的建阳窑，是宋代皇室御用茶具。它的美是独特的，欣赏建盏，并不在其外表，而在其内涵与气质。

舒松老师收藏建盏大师孙建兴先生曜变建盏作品

　　由于历史原因，自元代以来，建盏烧制技艺逐渐失传。然而孙建兴研究建盏40年，又是建窑建盏烧制技艺唯一的国家级传承人，他满怀对民族传统文化艺术的无限热爱，数十年如一日，呕心沥血，凭借顽强的毅力和坚韧不拔的精神，揭开了千年古窑建盏的神秘面纱，为世人再现了建盏的艺术魅力。

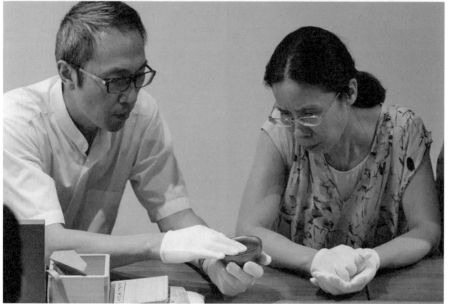

当中国茶遇上法国酒

茶会创意缘起

当法国酒遇上中国茶，
会碰撞出什么样的火花？

茶会创意关键词

红酒、茶

一片叶子落入水中，改变了水的味道，从此有了茶。
一片叶子，承载着中华民族最为健康、优雅的生活方式，
香飘全世界。
中国的茶叶和法国的葡萄酒堪称世界两绝，
中国的茶文化和法国的酒文化虽然有着各自的渊源，
但中国人品茶与法国人品酒，却有着颇多相似的情趣。

当中国茶
遇上法国酒

Wine Meets Tea

2021.01.17

茶品组合设计

隆合茉莉白毫银针+Brown 干白葡萄酒
骏德千芳尽品+小风车干红葡萄酒
Brown 干红葡萄酒

茶会实际呈现

地点：武汉，楚天茶道
时间：2021年1月17日

万丈红尘三杯酒，千秋大业一壶茶。家国情怀和人生起落，仿佛系于酒与茶之中。酒可以解愁，茶可以清心。酒能抒发冲天豪情，茶能表达婉约柔肠。

古往今来，酒与茶仿佛孪生兄弟，结伴而来相拥而去。无酒不成宴席，无茶不成敬意。

煮茶茶会

煮茶夜话——红泥小炉对月烹

茶会创意缘起

走过春夏，又遇秋。

树上的银杏等一阵秋风，带她去旅行，

虽然不知落在哪里，但一定是她想去的地方。

关于煮茶，我们做过花间烹煮，

借大自然的气息，感受人在草木间的怡然自得。

这次茶会，我们邀星光入席、明月做伴，感受这个季节的美妙。

人在茶中，不经意就会抖出一身诗意。

煮茶夜话 红泥小炉对月烹

楚天茶道狠茶会第 67 期

茶会创意关键词

人间忽晚，山河已秋；

月下饮茶，念卿天涯。

以茶可清心，以茶可雅志。

秋意渐浓，一年又过，围炉煮茶待故人。

茶品组合设计

茗一：十年陈高山老枞

茗二：三十年陈老白茶

茗三：十年陈六堡茶

茶会实际呈现

地点：武汉，茶天楚道
时间：2019年11月23日

煮茶，
是中国茶文化的一种复兴，
也是传统生活方式的一种回归。
捡拾炭火，细心生火。

过程纵然烦琐，
但独坐在溢满浓郁茶香的房间，
看着火苗轻轻摇曳，
嘈杂而潮湿的内心，
也被熨帖得宁静而安详。

红泥小火炉，煎水侧把壶。
炭火驱秋寒，伴月饮茶舒。

第一次参加楚天茶道晚间的狠茶会。夜色缱绻，热茶暖心。举杯可邀明月，杯中也可以是茶。独酌浇愁，夜茶添欢！

——茶友龙猫

绿茶品鉴茶会

非遗传承人代表茶·张文旗·恩施玉露

　　2021年6月13日，"非遗传承人张文旗·恩施玉露品鉴会"在楚天茶道圆满举办。

　　本期茶会是狠茶会第102期，这也是楚天茶道"一百位非遗传承人的代表茶"系列茶会的第二期。本期茶会我们隆重推出的是恩施玉露制作技艺非遗传承人张文旗老师。

　　恩施玉露的快速发展离不开恩施市润邦国际富硒茶业有限公司董事长兼创始人张文旗先生的贡献。他不仅建成了中国第一条恩施玉露连续化自动化生产线，实现了恩施玉露机械化生产和连续化、自动化生产的两次技术飞跃，而且领导制定了恩施玉露湖北省地方标准，并成功申报恩施玉露为"湖北第一历史名茶"，使恩施玉露"起死回生"。

狼茶会

100位 非遗传承人的代表茶

舌尖上的春天

张文旗·恩施玉露

恩施玉露是中国历史文化名茶之一，其生产过程中保留着自汉魏以来古老的蒸汽杀青技艺，是我国唯一幸存的蒸青绿茶。

这种以蒸汽杀青的针形绿茶，其制作技艺被列入国家级非物质文化遗产保护名录。

近年来，恩施玉露的魅力又一次展露在世人的面前，成为中国绿茶界的"明星"，受到茶友追捧。

狼茶会

张文旗·恩施玉露

　　恩施玉露加工工艺为：鲜叶摊放、蒸青、扇干水汽、炒头毛火、揉捻、铲二毛火、整形上光（手法为：搂、搓、端、扎）、焙火提香、拣选九大步骤。烦琐的制作工序和优质的原料造就了它上乘的口感。

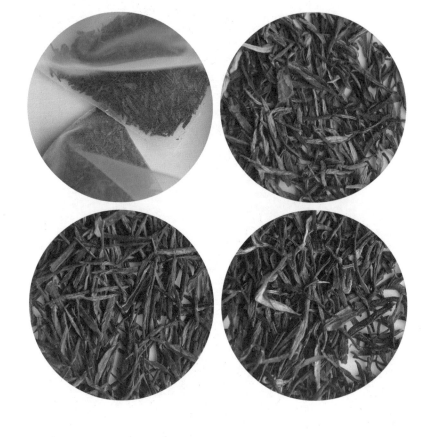

茶品组合设计

本次品鉴会一共品鉴四款恩施玉露。

茗一：恩施玉露·冷泡茶

茗二：恩施玉露·禅悦

茗三：恩施玉露·唐极品

茗四：恩施玉露·长龄1299国礼

本次茶会主泡老师之一——舒桐

本次茶会主泡老师之二——琳琅

舒松老师和安雅老师所创办的楚天茶道，用湖北恩施玉露开启了非遗传承人的代表茶之旅。

狠茶会从流程到内容的体验感都非常棒，说茶尤为专业。茶人冲泡时，对坐的我还产生了片刻的"入定"状态。

——茶友周蓓

柔情蜜意溢喉韵，一杯玉露绿端阳。感恩楚天茶道第102期"非遗传承，恩施玉露"经典品味茶会，玉露冷泡、唐极品、禅悦、长龄1299（东湖茶叙用茶），品饮这些茶品实在是一种清福。

——茶友赵明

赏芽叶仙姿，品杯中春色

春天是一年的开端，而春茶则是春天的升华。

在万物复苏的初春时节，品一壶新鲜绿茶，更添春天的浪漫情怀。

爱茶的人，正在期盼这杯甘鲜，都说，喝上了，春天才真的来了。

2019年3月30日，我们迫不及待地泡上一杯新制的春茶，与众多爱茶之人在楚天茶道第45期狠茶会度过午后。

赏芽葉仙姿
品杯中春色

狠茶令

No.45

茶品组合设计

第一巡茶：恩施玉露
第二巡茶：广成仙谷
第三巡茶：顾渚紫笋
第四巡茶：远安鹿苑黄茶

楚天茶道舒松老师讲解本次茶会茗品的由来、历史、特点，让茶友能更好地品饮

随着老师们的讲解、介绍，茶友们已经对春天的甘鲜充满期待，接下来便进入茶会主题"赏芽叶仙姿，品杯中春色"。

"紧、细、挺、直"的恩施玉露

茶叶在水中舒展

茶汤嫩绿明亮

  恩施玉露，条索紧细、圆直，形如松针，色泽苍翠润绿，汤色清澈明亮，香气清鲜，滋味醇爽，叶底嫩绿匀整。

色泽翠绿的广成仙谷

汤色浅绿明亮

　　广成仙谷，条索紧细略弯曲，色泽翠绿润莹，汤色浅绿明亮，滋味鲜醇，叶底嫩绿匀齐。

顾渚紫笋

芽叶细嫩成朵，浮沉之间，尽显仙姿

　　顾渚紫笋，形似兰花、色泽翠绿，毫显，汤色清澈明亮，味甘醇而鲜爽，叶底细嫩成朵。

远安鹿苑黄茶"环子脚、鱼子泡"

汤色浅黄明亮

爱茶之心人皆有之

　　远安鹿苑黄茶，色泽金黄（略带鱼子泡），香气持久，汤色绿黄明亮，滋味醇厚，叶底嫩黄匀整。

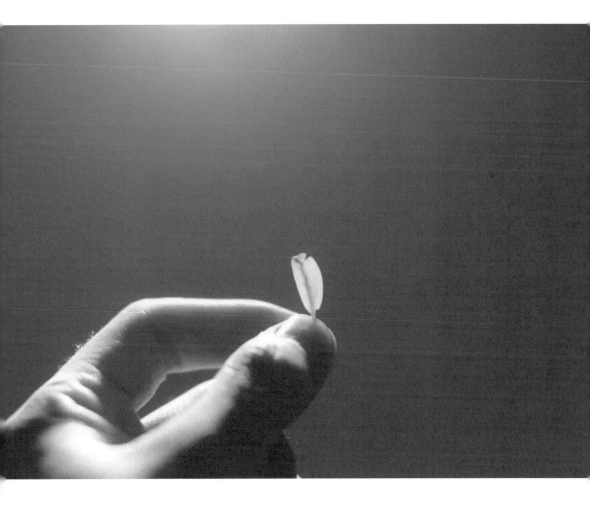

　　春天的芽叶，"嫩"只是表象，重点则在于其内含物质之丰富，在于这丰富的内含物质所蕴含的"生生"之意。

　　"生生"之春意，在于茶叶所反映的自然之真香、本味，在于鲜嫩的芽叶、鲜灵的香气、鲜活而饱满的滋味，更在于品茶人那颗和春天一起律动的心。

今天来绿茶品鉴茶会主要是来学习的，也是第一次喝黄茶。这四款茶我最喜欢的是顾渚紫笋，因为顾渚紫笋的氨基酸含量是最高的，在品尝的时候感觉最鲜爽、最甜。

我觉得楚天茶道的老师很用心，选了四种不同的工艺加工的茶，不同的工艺造就了不同的品质、风味，给人不同的感受。

第一款是蒸青的恩施玉露，到第三泡的时候苦涩味较强。

第二款襄阳的广成仙谷，饱满度是最好的，喝下去以后是润润的感觉。

第四款是远安的黄茶，第一次喝，我觉得它的回甘力是四款茶里最好的，在喝了两分钟后只有黄茶有回甘的感觉，前面三款绿茶里只有广成仙谷有一点点回甘。

——茶友林川

每次来参加楚天茶道的茶会都有收获。今天品饮之后推翻了以前对绿茶"苦涩"的认知，确实感受到了绿茶的魅力，对它有了更深刻的认识，以后与小伙伴一起品饮的时候对它的滋味、知识点会有更正确的分享。

要说喜欢的话，这三款绿茶中恩施玉露名气大，但名气大的茶造假也多，在市场上买到正宗的恩施玉露的概率很小很小，在楚天茶道喝到了标杆性的恩施玉露，那么我在外面再喝就会有个比较。

后面的广成仙谷与顾渚紫笋比较起来，我更喜欢广成仙谷，因为它的鲜爽度、回甘更好，味道更醇厚些。

顾渚紫笋在泡的时候有特别的感觉，茶叶在水中慢慢绽开、徐徐落下，视觉冲击力强，非常具有观赏价值，口感很鲜爽。

黄茶是第一次接触，听舒老师讲到它的闷黄工艺、生态，喝起来确实比绿茶更加温和，适合胃寒、体寒的人在春天品饮。

——茶友洋铭

黄茶品鉴茶会

五位非遗传承人的黄茶珍品

　　黄茶是我国六大茶类之一，也是六大茶类里面最少被提及的茶。本期狠茶会我们将带来五位非遗传承人的黄茶珍品。

狼茶会 No.99

五位非遺傳人

黄茶珍品

君山銀針　陈小香
蒙頂黄芽　柏月辉
鹿苑黄茶　杨先政
霍山黄茶　程俊生
平陽黄湯　黄兆銀

楚天茶道

△平阳黄汤——非遗传承人黄兆银的黄茶珍品，产于浙江省温州市平阳县。

△君山银针——非遗传承人陈小香的黄茶珍品，产于湖南省岳阳市洞庭湖君山岛。

△霍山黄茶——非遗传承人程俊生的黄茶珍品，产于安徽省六安市霍山县。

△鹿苑黄茶——非遗传承人杨先政的黄茶珍品，产于湖北省宜昌市远安县。

△蒙顶黄芽——非遗传承人柏月辉的黄茶珍品，产于四川省雅安市蒙顶山。

我们精心准备了插花，

茶不仅是一种饮品，

茶，更是一种生活方式。

黄茶产量虽然不及绿茶、红茶和黑茶，但其中有很多茶以其质优形美，被视为茶中珍品。此外，黄茶由于制作时增加了闷黄工艺，在热化反应及外源酶的共同作用下，其内含成分发生显著变化，滋味较绿茶更加醇厚柔和，被茶叶专家推荐为最适宜饮用的茶类。

黄茶由绿茶发展而来，特殊的"闷黄"工艺造就了其"干茶黄、汤色黄、叶底黄"的
"三黄"特征。

今天是"楚天茶道"第99期狠茶会，与茶友们共同品鉴了5款黄茶。说到黄茶，其实特别好理解，它就是比绿茶多了一道"闷黄"工艺，所以黄茶的审评抓住"三黄"要素即可：干茶黄、汤色黄、叶底黄。例如我今天打出的最高分——来自浙江温州的"平阳黄汤"，其干茶匀整，色泽绿黄显毫，香气有明显的"玉米香"，滋味是层次分明的，可以用"醇正"形容；汤色澄亮、明黄，叶底匀整，一芽一叶，嫩度较高。

——茶友柳宇芊

"我花了十年时间才收齐了这五款非遗传承人做的黄茶。"楚天茶道的舒松老师在茶会开始之前如是说。

初夏，又是一个周末，楚天茶道第一次以黄茶为主题的狠茶会如期举行。依然茶友满座，依然茶香袅袅。

五款黄茶各有千秋。君山银针外形漂亮，首泡清甜，略淡；平阳黄汤炒香奶香浓郁，醇厚好喝，个人以为这款黄茶最好；霍山黄茶闷黄较浅，绿茶化倾向明显；鹿苑黄茶和蒙顶黄芽醇和饱满，协调性好，品质也相当不错。

让人感动的是，恰逢"母亲节"，每位茶友都收到了一支由楚天茶道赠送的红色的康乃馨。

喝到了这么珍贵的黄茶，又收到了饱含情谊的鲜花，谢谢楚天茶道了！

——茶友龙猫

平阳黄汤干茶有米香，叶底有点小雀舌，汤色杏黄。

君山银针茶叶外观形态整洁，条形秀美，茶汤香气很好，叶底整洁根根分明。

霍山黄芽有粟香，干茶有旗枪，有苦涩味，多酚物比较多。

鹿苑黄茶香气比较淡，苦涩味重，汤色明亮，回甘很好。

蒙顶黄芽有焦香味，汤色透亮，叶底匀整，形似雀舌。

——茶友丁玲

中国茶会
ZHONGGUO CHAHUI

白茶品鉴茶会

非遗传承人代表茶·杨丰·政和白茶

    2021年7月11日，"非遗传承人杨丰·政和白茶品鉴会"在楚天茶道圆满举办。本期茶会是狼茶会第104期，这也是楚天茶道"一百位非遗传承人的代表茶"系列茶会的第四期。本期茶会我们隆重推出的是政和白茶制作技艺非遗传承人杨丰老师。

    杨丰老师是制茶高级工程师、特级制茶工艺师、茶叶加工高级技师、政和白茶制作技艺非物质文化遗产传承人、政和工夫茶制作技艺非物质文化遗产传承人，也是福建隆合茶书院掌门人和《政和白茶》一书作者。

    杨丰老师在严格传承政和白茶传统制作工艺的基础上，依据几十年的制茶经验，不断总结和思考，独创了廊桥式的萎凋车间。闽北廊桥建筑构造通风透气，杨丰老师对此巧加利用，将其用于白茶萎凋这一重要制作环节中。

杨丰·政和白茶

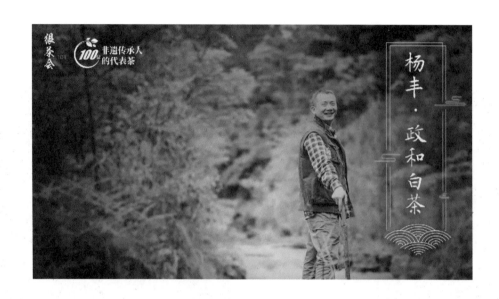

　　这座廊桥可供万斤茶叶鲜叶同时萎凋作业，还可最大限度保留茶叶中的活性成分（酶），帮助茶青更好地在自然环境下进行转化。在这样得天独厚的环境下制出的茶，既不破坏酶的活性，又不促进氧化作用，且保持毫香，令汤味鲜爽，口感变得更醇厚，也更健康。杨丰老师独创的廊桥式萎凋车间构造之精巧、规模之大，在闽北地区独此一家。

　　政和白茶属微发酵茶，主要分布于政和县全境。宋代时，宋徽宗推崇白茶，政和县因茶得名，素有"世界白茶在中国，中国白茶在福建"的说法。

政和白茶茶区海拔介于200米和1200米之间，气候温和，四季分明，冬暖夏凉，雨量充沛。茶区生态结构完整，有利于政和白茶形成味浓耐泡、滋味鲜爽的特质。茶叶香气高，滋味也尤其醇厚。

政和白茶的制作工艺独特，不炒不捻，轻微发酵，主要有萎凋和干燥两道工序。

政和白茶采用复式萎凋，白天是茶叶走水、失水的时间，夜晚，茶叶吸收空气中的氧、水分子和活性酶等。一日一夜中，茶叶在自然中一吐一纳，正如人类的呼吸运动，缓缓地与自然进行物质的交换，并且在这交换中生成营养物质。这种制作技艺体现了杨丰老师充分尊重"天人合一"的自然法则，以及他对白茶制作的个人感悟和总结。

茶品组合设计

茗一： 丰收·牡丹王2018年

茗二： 丰收·寿眉饼2018年

茗三： 隆合牡丹王十二年陈2008年

茗四： 隆合三十年陈老白茶1990年

楚天茶道舒松老师做政和白茶知识分享　　本次茶会主泡老师之一：舒桐

本次茶会主泡老师之一：　　本次茶会主泡老师之一：　　本次茶会主泡老师之一：
香香　　　　　　　　　　　琳琅　　　　　　　　　　　燕子

　　今天狠茶会的神秘白茶是什么？喝过就知道答案了！1990年的老白茶，存放了整整31年了！

　　还是老规矩，四款茶，由新到老。先喝了两款杨丰老师的2018年的政和白茶。一款是牡丹王，一款是寿眉。中场休息吃茶点，茶点太精致了！为楚天茶道点赞！

　　接下来的两款茶，一款是2008年的牡丹王，有难得的浓郁的巧克力香，滋味太棒了！而接下来的存放了31年的老白茶，参香扑鼻，十分难得，得到了众茶友的交口称赞！

　　照例加了餐。喝了舒松老师珍藏的十多年的老六堡。琳琅老师用银壶泡得也好，饮之，有如沐春风之感！

　　愉快的下午，岂止有茶？还有情怀、情谊和深深的情感！

——茶友龙猫

政和VS福鼎·我们的白茶之约

政和白茶与福鼎白茶

　　丽景烛春余，清阴澄夏首。伴随着初夏的微风，相约楚天茶道，我们共赴这场白茶之约。

茶品组合设计

茗一：2018大观牡丹王
茗二：2017福鼎高山白牡丹
茗三：2012宣千岁白毫银针
茗四：2012政通人和900年

政和白茶

福鼎白茶

我们的白茶之约

狼茶会

茶会实际呈现

地点：武汉，楚天茶道

时间：2019年6月9日

　　喝茶的感受，在一杯茶之中，也在一杯茶之外。一场茶会，以茶为媒，以茶会友，在茶学之中继续翱翔。

2018大观牡丹王

2017年福鼎高山白牡丹

2012宣千岁白毫银针茶汤

2012政通人和900年

乌龙茶
品鉴茶会

非遗传承人代表茶·余映丰·凤凰单丛

茶会创意缘起

凤凰单丛：茶中香水

单丛堪称"一树一香型，丛丛各不同"。

凤凰单丛品类众多，总体可以分为十大香型："三兰和两桂，姜杏夜茉黄"，即蜜兰香、玉兰香、芝兰香、肉桂香、桂花香、姜花香、杏仁香、夜来香、茉莉香、黄栀香。

凤凰单丛

十全十美

FENG HUANG DAN CONG · SHI QUAN SHI MEI   2022.09.18

狼茶会

茶会品鉴茶：十款不同香型凤凰单丛

十款不同叶底

　　此次茶会我们和大家一起品鉴了由中国茶叶博物馆联合出品，凤凰单丛非遗传承人余映丰老师匠心制作的"凤凰单丛·十全十美"。这十种不同香型的凤凰单丛，让我们从"花、果、蜜、枞"的风味切入，巩固了对凤凰单丛的认识。

茶师：安雅老师 茶师：小满老师

1. 背景：全国有四大著名乌龙茶类，即闽北乌龙代表"大红袍"、闽南乌龙代表"铁观音"、台湾乌龙，以及广东潮汕地区乌龙代表"凤凰单丛"。凤凰单丛因为"香霸天下"，又被称为"可以喝的香水"，今天的茶会集齐了非遗传承人余映丰老师优选的十大典型香型，故称"十全十美"。

2. 品茗："三兰和两桂，姜杏夜茉黄"

蜜兰香：焙火味比较重，蜜香；兰花香是一种大家闺秀的感觉，幽幽的。

玉兰香：香味高扬明显。

芝兰香：香味低调一点，但极为舒服，杯底留香持久，是我个人最喜欢的一种。

肉桂香：温暖的感觉，舌尖有一点辛辣感。

桂花香：属于甜香型，但没有真实的桂花香那么张扬。

姜花香：属于馨香类，有点沉。

杏仁香：最大的特点是舌尖有一点点苦，就像苦杏仁，苦后回甘。

夜来香：有点脂粉香。

茉莉香：很有辨识度，与茉莉花香高度接近。

黄栀香：最后老师怕我们喝多了茶身体不适，体贴地上了茶点，但茶的味道被压住了没尝出来。

——茶友程艳

今天的茶会让我惊艳。
凤凰单丛著名的十种香型齐了！

有博学的老师讲课，
有优雅的老师泡茶，
有"学霸"同学分享。

闻着"茶中香水"的各种馨香，
十种香型醉了我们，也醉了花。
高水准的茶会，让人陶醉其中……

心想事成，真的喝到了十种。
一边闻，一边喝，一边笑，
实在是藏不住心里的欢喜了。

——茶友雅静

东方有美人

东方有美人，绝世而独立。

中国的茶叶，多以地名命名，有一种茶，却以"美人"命名。

这种茶，就是产自中国台湾地区的顶级名茶——东方美人茶。

东方美人茶属于半发酵乌龙茶中发酵程度最重的茶（一般乌龙茶发酵程度为60%，而东方美人茶发酵程度为75%~85%）。东方美人茶上叶面白、下叶面黑，茶身白、青、红、黄、褐五色相间，故也被称作"五色茶"。

狼荼会 №.119

东方有美人

桃园｜新竹｜苗栗
东方美人茶的神奇蜜香
2022.02.09

楚天茶道

茶会创意缘起

东方美人茶芽白毫显，又名白毫乌龙，是半发酵青茶中发酵程度最重的，达到78%。制作方面东方美人茶必须经手工采摘一芽二叶，再以传统技术精制成高级乌龙茶，制茶过程的特点是：炒菁后须以布包裹，置入竹篓或铁桶内静置回润或称回软，以二度发酵，再进行揉捻、解块、烘干而制成毛茶。

楚天茶道2022新春的第一场茶会，我们用珍贵的东方美人茶来迎接尊贵的茶友们，品茶赏画，欢度新年。

茶品组合设计

茗一：桃园县获奖东方美人

茗二：贵妃美人茶（对照款）

茗三：新竹县获奖东方美人

茗四：苗栗县获奖东方美人

茶友分享

　　各位老师、各位茶友大家好，我叫严凌，我第一次来楚天茶道。我之前参加过不少茶会，但是这里给我的感觉是最轻松、最自在、最温暖的，也非常专业。我也是第一次接触台湾乌龙茶，确实让我觉得很惊艳，我以前喝过铁观音，但是后来因为各种原因，我就很少去喝它了。而今天喝的这款茶，让我找到了铁观音的感觉。

　　同时这四款茶对我来说每一款都不一样，每一款给我的感觉也不一样。第一款我觉得很清幽，最后的一款是我最喜欢的，因为它在清幽中带着一些丝滑和醇厚，让我特别喜欢。也非常高兴和老师及各位茶友共同度过一个愉快的下午。

——茶友严凌

　　我们能够品尝到这款茶其实是很荣幸的，它的产量非常少，我们今天喝到的是正宗产区的品牌标杆茶。

　　三款东方美人茶中，我感受最深的是第一款，首先是它的花果香，蜜香里面带有一点点的奶香，然后汤感是比较醇厚的，而且它有那种喉韵，还有回甘生津。喝了很长时间之后还能感觉到从鼻腔到口腔的喉韵，还有那种很丰富的、香甜的感觉。

　　第二款是新竹东方美人，它的香气是比较浓郁的，但是它的汤感比较薄弱，涩感也比较明显。

　　第三款是苗栗东方美人，我开始喝第一泡的时候，就感觉它跟第一款茶有点像，但是它的突出点是香味，花果和奶香味都比较柔和，是这几款茶里最柔和的一款。

　　这是我今天品饮这三款东方美人茶的一点分享，谢谢大家。

——茶友张丹

今天很高兴能够来到我们的茶会。我小时候就受到了小姨的熏陶，然后就爱上了中国的茶文化。

对于今天的几款茶，我最喜欢的就是桃园的东方美人，它的口感比较清幽，色泽鲜亮，有那种果香和蜜香，比较爽口。我第二喜欢的就是贵妃美人，它夹杂着一种梅香，有点黄茶的口感。

第三款的香味比较浓厚，第四款的香味也比较独特，汤色也浓一些。

这就是我的一些感受。

——茶友甘传博

第一款应该是桃园的东方美人。首先东方美人这个茶我们平时接触得不多，所以今天明显感觉到它人气很旺。大家都想通过这个茶会来学习和了解一下台湾的乌龙茶。

东方美人是台湾乌龙茶中一个比较高端的产品，也是比较有代表性的产品，说老实话这个茶我也喝得不太多。这款桃园的东方美人跟最后一款茶我觉得应该是一个档次。它们的滋味和香型有点不太一样，第一款偏重花果香，蜜韵比较重，最后一款香气非常清幽，耐泡度也比较好。我们看它们的叶底、鲜叶的嫩度都差不多，并且采摘的时候标准都很严格，我注意到叶子、枝子、芽都是连在一起采，所以在茶汤里就比较好看，像花一样，干茶外形也很好看。虽然最后一款茶跟第一款茶的香气和滋味有些差别，但是它们应该是属于同一个等级的。

第二款茶是贵妃美人，它的发酵程度明显较轻一些，没有那么红，但它的香气滋味偏重花果香，蜜味差一点。滋味的话我觉得跟东方美人还是有点差别，主要是花果香。

第三款茶是新竹的东方美人，我们喝了之后就明显感到它的芽底要略肥一点，然后它的滋味稍微要醇厚一点，但是它的花香、果香和蜜韵也比较浓厚，就略显粗一点。我觉得它比第一款跟第四款稍微要差一点，第一款跟第四款是最好的，第三款次之。

——茶友龙猫

我们第四组的茶友们通过自我介绍，了解到大家都是在楚天茶道不同的课程和不同的活动里认识和熟悉的，很是有趣。大家虽然来自不同地方，在茶会上却一见如故。看到茶友们的温馨交谈，作为主泡者的我也是倍感喜悦。为了泡好大家都期待的东方美人茶，我不断提醒自己：放松、冷静、不慌。脑子里一下子就冒出了舒老师在茶道研修班给我们讲的"泡茶六境界"。

第一是茶水分离。我们在茶会前备器、备茶、备水，细致做好泡茶的前期准备；茶师也调整好状态，以求尽量还原茶叶的真实滋味与香气。

第二是浓淡相宜。了解东方美人茶的特点，尽量将茶汤泡得均匀。

第三是看茶泡茶。东方美人茶属于半发酵乌龙茶中发酵程度最重的茶，发酵程度为75%~85%。泡茶时一定要注意水温与茶的关系。

第四是因人泡茶。茶人女士居多，要尽量激发出茶的香气与甜感。

第五是随心泡茶。自由发挥，随心泡茶。尊重每一款茶，茶来到我们身边，都经过种茶人的培育和制茶人的制作，很是不易。不管是什么样的茶，我们都应以感恩的心去品饮。

第六就是以茶合道，敬天爱人。感恩大自然的馈赠。天降甘露，一雨普润。我们来参加茶会，每人都有不同的过往，以清静的心来喝茶的时候，收获就会很多。这就是这幅挂画所写——"集虚"的意思，把心达到空明的虚境，容纳道的聚集，唯道集虚。以茶合道，敬天爱人。

最后和大家分享一下我为什么要参加狠茶会以及为什么要喝标杆茶。

品标杆茶，对茶有了辨识力，我们就可以分辨不同的茶，知道茶的差异在哪里。从评茶五因子入手，认识茶的特点与工艺。这正如读书从读经典开始一样。参加狠茶会，建立茶坐标，对我们辨识茶是有帮助的。感谢大家。

——茶友陈荆华

非遗传承人代表茶·王顺明·武夷岩茶

　　武夷岩茶是产于闽北武夷山岩上乌龙茶类的总称，主要品种有大红袍、水仙、奇种、肉桂、名枞等。

　　武夷岩茶是在独特的武夷山自然生态条件下选用适宜的茶树品种进行繁育和栽培，并用独特的传统加工工艺制作而成，具有岩韵（岩骨花香）特征。

　　王顺明先生是武夷山茶叶研究所所长、武夷岩茶国家标准主要起草人，也是首批国家级非物质文化遗产武夷岩茶（大红袍）制作技艺传承人，获中华非物质文化遗产传承人薪传奖，制作管理母树大红袍20余年。

王顺明·武夷岩茶

茶品组合设计

茗一：《琪明味道》水仙

茗二：坑涧肉桂之金交椅肉桂

茗三：母树大红袍复刻版大红袍

茗四：2003年老茶记忆之名枞水金龟

　　我之前就是在楚天茶道学习的评茶，今天喝了四款茶，我感受比较深的是大红袍还有水金龟。大红袍的干茶，我闻着有一股像肉桂一样的辛香味，泡出来的口感比较滑。水金龟这款茶喝起来很甜很柔也很醇厚，让我印象深刻。这两款茶是我比较喜欢的，前面两款茶的口感对于我来说淡了一点点。喝的时候闻到的是木香，但是喝完之后，嘴里留下的是一股清香味，也有一点花香的味道在里面，它的层次非常丰富。

——茶友黄华

　　寒潮来袭，北风呼啸，又是一期狼茶会。这样的天气，喝岩茶正好。我们今天品饮的是非遗传承人王顺明大师的几款岩茶。

　　第一泡以水仙开场，第二泡是金交椅肉桂，第三泡是母树复刻版大红袍，第四泡是2003年的水金龟。客观地说，王顺明大师的茶，工艺严谨，做青到位，焙火焙得透，味道醇厚顺滑，没有岩茶苦涩味重和火味重的通病。尤其是母树复刻版大红袍，滋味饱满，回味悠长，是一款性价比很高的大红袍。而2003年的水金龟已经是老茶了，焙火轻，花香犹存，尤其是第一泡，颇有点老酒的味道了。而最后煮着喝，居然有蜜韵，很是让人惊艳！

　　都说岩茶是"乞丐的外表、皇帝的价格、菩萨的心肠"，你如果碰到一款正岩的好岩茶，它的确会像菩萨一样温暖你的肠胃。当然，价格自然不菲！

　　而今天喝到的王顺明大师的岩茶，个人觉得品质超过市场上很多岩茶，也让我对王顺明大师的茶，留下了非常深刻的好印象！

　　能够喝到好茶，的确是一种福气！谢谢楚天茶道！

——茶友龙猫

我个人比较喜欢第一款水仙和第三款大红袍。第一款水仙的焙火纯度是我觉得刚刚好的。就像我们同桌几位姐姐说的一样，汤香水柔，汤感黏稠，空杯的那种焦糖香刚刚好，这是我特别喜欢的一点。

关于第二款金交椅肉桂，有一句话叫"纯不过水香不过肉"，但是我们这款肉跟第一款的水仙相比，香味反倒会淡一些，所以我就略微有一些失望。

第三款大红袍就真的让我感受到了大红袍的中正之气，而且茶的骨架感在这里面体现得特别明显，所以大红袍是我今天最喜欢的一款茶。

最后一款是陈年的水金龟，我第一次喝这么久年份的岩茶，闻香的时候我们都闻到了陈年茶的那种酸味，我个人觉得米汤米酒的那种味道比较明显，但是很意外的是喝到最后的时候还有回甘，说明其叶底的活性以及纯度都是有的。

非常感谢这次机会让我进行这么有意义的分享，谢谢大家。

——茶友赵女士

岩茶——水仙、肉桂、大红袍，武夷岩茶里公认的"铁三角"。

肉桂的酚氨比明显高于水仙。从主要呈味的儿茶素、咖啡碱、醚浸出物的总量来看，肉桂也大于水仙，因此肉桂滋味具有强烈刺激性，而水仙则相对醇和。

肉桂以香出名，而汤感过喉刹那的丝丝辛辣感，同样独具特色。

而水仙的花香清雅，胜似山间的野兰，默默散发清香。

大红袍的传说——天心寺和尚用岩壁上的茶叶治好了一位上京赶考秀才的疾病，这位秀才中状元后，被招为驸马，回到武夷山谢恩时，将身上红袍盖在茶树上，"大红袍"茶名由此而来。九龙窠的岩壁上有"大红袍"石刻，是1927年天心寺和尚所作。这里日照短，多反射光，昼夜温差大，岩顶终年有细泉浸润。这种特殊的自然环境，造就了大红袍的特异品质。大红袍母茶树，现仅存6株，均为千年古茶树，其叶质较厚，芽头微微泛红。现在的大红袍茶区中，茶叶研究所采取扦插技术培育茶树。

水金龟是武夷岩茶"四大名枞"之一。据罗盛财《武夷岩茶名丛录》记载，水金龟原产于武夷山牛栏坑杜葛寨下的半崖上。相传清末已有其名，因茶叶浓密且闪光模样宛如金色之龟而得名。2003年的水金龟第一泡冷却后呈现出意想不到的白酒的酱香以及绵柔口感，着实让人惊喜。

感恩今日的分享学习，感恩各位老师的指点。

——茶友西果

红茶品鉴茶会

寒未甚，欲冬雪——小雪繁一阁红茶会

对雪有种莫名的喜欢，

冬天来临时总是盼着一个银装素裹的天地。

此时需要一杯热热的红茶带来"能饮一杯无"的温暖。

本期小雪茶聚，恰遇降温，

邀请你于室内静坐，

我们准备了炭火，

另有桐木关的红茶做伴。

小雪节气是寒冷天气的开始，但初冬的雪下得还不太大。唐代诗人戴叔伦的《小雪》云："花雪随风不厌看，更多还肯失林峦。愁人正在书窗下，一片飞来一片寒。"全诗平淡、自然却不失轻盈。随风飞舞的雪花让人百看不厌，消失在山林之中。

寒未甚 冬欲雪

——小雪紅茶會

2020.11.22

繁一閣·老茶時光

狼茶会

也有诗人喜欢在雪天与友人围炉煮茶、诗酒共饮，以打发时间、排遣忧愁。唐代诗人白居易的《问刘十九》便是其中的名篇："绿蚁新醅酒，红泥小火炉。晚来天欲雪，能饮一杯无?"全诗没有深远寄托，没有华丽辞藻，字里行间却洋溢着热烈欢快的色调和温馨炽热的情谊，尽管天气寒冷，诗情却温暖如春。

万物归于大地，在这个不同于以往的年份，在一切将尽未尽之时，让我们也回忆过去一年的喜怒哀乐，用一杯来自大山的纯净之茶，回归内心的平静淡然吧。

目录

一、识茶性·健康饮茶

二、世界红茶发源地·桐木关

三、红茶发展史的转折点·金骏眉的诞生

四、茶会品鉴

茶品组合设计

茗一：新版大赤甘

茗二：金小种收藏版

茗三：三枞知味——粽叶香

茗四：三枞知味——青苔香

茶友分享

把炉子生起来，

把火再烧旺一点。

在繁一阁，

我们喝骏德的红茶，

那茶汤的红，

就像炉火一样的红，

那茶汤的温暖，

就像炉火一样的温暖。

——茶友龙猫

非遗传承人代表茶·陆国富·祁门红茶

茶会创意缘起

　　祁门红茶是我国传统工夫红茶之一，产于安徽省祁门县。

　　自1875年参照闽红试制红茶成功以来，祁门红茶一直以"祁门香"享誉海内外，素有"茶中英豪""群芳最"之美誉，与印度的大吉岭红茶和斯里兰卡乌伐的季节茶一起被公认为"世界三大高香红茶"。

　　而茶叶中究竟哪些香气物质造就了经典的"祁门香"，一直以来是众多祁红爱好者们关注的焦点之一。

狼茶会

100% 非遗传承人
的代表茶

陆国富·祁门工夫

陆国富

中国制茶大师
国家级非物质文化遗产祁门红茶制作技艺第一批传承人
祁门红茶地方标准起草人之一
安徽省祁门县祁红茶业有限公司副总经理

　　本次狼茶会我们带来了非遗传承人陆国富监制的祁门红茶，带领大家走入祁红的世界，感受代表中国站在世界舞台的高品质红茶，去领略非遗祁门红茶特有的神秘"祁门香"。

茶品组合设计

茗一：祁红特级工夫·祥源云境

茗二：祁红特茗工夫·祥源传祁1915

茗三：祁红特级毛峰·祥源两全祁美

茗四：祁红特级香螺·祥源传祁1979

祁门红茶是以祁门槠叶种及以此为资源选育的无性系良种为主的茶树品种，以鲜叶为原料，按传统工艺及特有工艺加工而成的具有"祁门香"品质特征的红茶。

槠叶种，也被叫作祁门种，是祁门红茶最古老的品种，祁门红茶的迷人香气就源于此。它叶厚、汁甜、香高，是祁门红茶最好的生产原料。而且内含物丰富，酶活性高，很适合用于工夫红茶的制作。

祁门红茶于光绪年间（1875年）创制于安徽省祁门县，至今已有一百四十多年的历史。

它是当时英国女王和王室的至爱饮品，有"群芳最""红茶皇后"等美誉。

它在世界范围内广受推崇，日本人称之为"玫瑰香"，英国人称之为"祁门香"。

听茶的雅趣

有别于别的茶会，狼茶会因有了"听茶"而更具乐趣。

一首钢琴一首阮曲，沉醉其中。

临近中秋佳节，本次茶会我们特意准备了不同口味的月饼呈现给大家，希望所有人都能健康、团圆。

茶友宇芊为大家演奏理查德·克莱德曼钢琴曲《梦中的婚礼》

蒋金吟老师用古典乐器"中阮"演奏《绿野仙踪》

楚天茶道推荐中秋月饼"夜宴"流心月饼

茶友抽奖，获奖奖品是《祁门红茶》一书

武汉楚天茶道主会场

阴霾逐渐散去，楚天茶道狠茶会又如期举行。终于，又可以约茶、学茶、品茶了！

一个多月没有参加狠茶会了，今天来参加茶会，有些兴奋。今天的狠茶会人气依然很旺，三桌全部坐满了，后来还加了座位！今天，我们品饮的是非遗传承人陆国富先生监制的几款祁门红茶。

四款茶品下来，感觉第一款云境略淡，第二款传祁1915醇和，第三款两全祁美甘甜，第四款传祁1979幽雅。

祁门红茶"群芳最"的美誉果然名不虚传。"祁门香"既有蜜韵，又有花香，香型接近干玫瑰。

茶会前做了功课，"祁门香"中的香叶醇含量高，香叶醇接近玫瑰花的芬芳。

而我在这四款茶中最推崇的是两全祁美，觉得它甜度好，回味悠长！

中场休息时，还有茶友表演了钢琴和中阮。阮因阮籍而得名。我觉得阮的声音既有点像吉他，又有点像古筝。

茶会结束后，还有抽奖游戏。中奖的茶友获得了《祁门红茶》一书。我虽没有中奖，但觉得这本书不错，也买了一本，准备回家学习。

因为今天来得比较早，所以除了常规的"加餐"——品饮了骏德的兰韵和祥源的寿眉，还在茶会开始前多了一道"餐前餐"——隆合的茉莉银针，银针因吸收了茉莉花的香气，真是既香且幽。

今天的茶点也很有特色，是充满文艺范和设计感的"夜宴"月饼，健康且环保，包装还可以做收纳盒。

嗯！是的！马上就要过中秋节了。今年的中秋节，您家里会有一杯清茶相伴吗？如果没有，建议您增加一壶茶！除了吃月饼，敬请多喝茶！多喝多健康！

——茶友龙猫

武汉城里的人文世界，

在楚天茶道。

看茶汤，摸茶底，读茶书。

听丝竹之音，品文创月饼。

同道中人，快哉乐哉。

——茶友周蓓

楚天茶道每一期都会给你不一样的惊喜，舒松老师会很用心地找各种不同的好茶给大家品鉴、学习。而且这并不是一场很枯燥的品鉴会，中途会有一些小插曲，比如钢琴和中阮的演奏。考虑到喝茶容易饿，舒松老师还会备一些小茶点。所有的细节都做得非常好，茶的专业知识也讲得很不错，强烈推荐大家去参与。

——茶友佳茗清韵

一块可以喝的古董·米砖茶

茶会创意缘起

米砖茶品鉴会

茶会创意关键词

米砖茶

　　米砖茶是产于"中国砖茶之乡"——湖北省赤壁市的一种特有茶。米砖茶为紧压的红茶（又称红砖茶），其所用原料皆为红茶茶末。

狼茶会

一块可以喝的古董
——米砖茶

茶品组合设计

茗一：赵李桥茶厂2015年牌坊米砖茶

茗二：2018年复刻限量版聚兴顺米砖茶

茗三：赵李桥茶厂2007年牌坊米砖茶

茗四：赵李桥茶厂1992年火车头米砖茶

茶会实际呈现

地点：武汉，楚宸轩茶会

时间：2018年7月29日下午

赵李桥茶厂2015年牌坊米砖茶

茶友观察、鉴赏聚兴顺米砖茶

赵李桥茶厂 2007 年牌坊米
砖茶

赵李桥茶厂 1992 年火车头米
砖茶

普洱茶
品鉴茶会

易武生普

茶会创意缘起

一座易武山，诉尽半部普洱史。
百年前清脆悠扬的马帮铃声，
青石板上留存着深浅不一的足迹、马蹄印，
夹杂着茶香，占领了茶界的高地。

致敬茶马古道，一品纯正易武正味。
时间推着历史不断前进，旧时光逐渐模糊。
不如把这满山的历史风云带给您一起品味，
不仅有贡茶的曼松，还有情深不归处的铜箐河。

楚天茶道游学访茶刚刚深入易武，并带回来今年的头春易武正山茶。
那么，让我们趁热一起品易武正味。

茶会布置

茶会实际呈现

地点：武汉，楚天茶道

时间：2021年4月5日下午

茶会创意关键词

普洱茶、纯正易武味

四款生普的叶底还原状况

茶品组合设计

茗一：2021张家湾寨
茗二：2021刮风寨
茗三：2021曼松
茗四：2021铜箐河

出茶汤

一期一会，永恒的瞬间

　　夜已深，只有这个时间我才能静下来翻开《林木先生的茶》。林木先生文笔流畅，语言坦诚幽默，读他的书就好像在和他本人对话，不紧不慢，充满智慧。确如推荐语，书中的茶人茶友，那些因茶而芳香四溢的生活，让我心生向往。

　　就好像今天品到的茶，由茶友们前往易武茶山，亲自寻得、采摘、制作而得。走过崎岖的山路，攀上古老的茶树，看过最美的风景，不悔艰辛的付出。果真，茶山才是最好的课堂。

　　我很好奇，楚天茶道中的朋友们有学哲学的，有学计算机的，还有学传媒的，是怎样的机缘让大家开始接触茶呢？应该是对美好生活的向往让这些意趣相投的人聚在了一起吧。茶，真美好！

　　我很喜欢在楚天茶道喝茶，不仅仅因为这里有"狠茶"，还因为这里的人优雅又博学呀！

——茶友徐云

　　今日是楚天茶道第97期狠茶会，品鉴的是来自易武产区的四款代表性茶！我自己很少品鉴生普这类茶，今天的品鉴会让我受益良多……我对曼松这款茶印象深刻，此茶茶香水柔，口齿生津留香，不愧为御用茶。第四款茶铜箐河，进口的瞬间就感到云南的原始森林气息扑面而来。这是一款古树生普，它的茶汤颜色比前几款略深一些，汤色如色拉油般，入口茶气比较足……这四款茶整体感觉都不错，让我身体有发汗的感觉！

　　我们怀着敬畏之心来品饮这些茶，因为制茶者是非常不容易的，也谢谢"楚天茶道"的舒老师、小胡老师把"春蕊"从云南原产地带回到今天的茶会！谢谢你们！

——茶友柳宇芊

清明时节，普洱茶来。

又是一年的三月，头春头采的普洱茶，如春雨一般不期而至。今天的狠茶会，我们品饮了易武的四款新茶。其中，张家湾寨有苦有甜，刮风寨甜柔细腻，曼松协调顺滑，铜箐河茶韵悠长。个人觉得曼松口感及香气最棒。

出席今天茶会的嘉宾还有电台主持人林木老师。他为茶友们介绍了他的新书《林木先生的茶》出版的经过，并详细述说了他关于茶文化推广的从业经历和从业感受。茶友们踊跃购书，并与林木老师合影留念。

照例还是"加了餐"。我们喝了茶膏和今年的一扇磨。其间，舒松老师还简单讲述了楚天茶道的创业史。能够坚持十多年的茶道培训，一路走来，确实不容易！

是啊！想要做一件事，没有专注和耐得住寂寞的精神，是没有办法成功的。这就像普洱茶的转化一样，时间漫长，但其乐无穷！

——茶友龙猫

走进秘境临沧

茶会创意缘起

走进秘境临沧

茶会创意关键词

普洱、生普

茶学，不仅仅从书本而来，更需要亲身的体验与感知。

雄伟的大山，神秘的原始森林，原生态的临沧，让我们震撼，给予我们滋养，让我们对即将开始的茶旅充满期待。

阳春三月，让我们相约繁一阁，通过一场茶会，提前领略临沧的神秘。

走进秘境临沧

天下茶仓·世界茶基因库

狼茶会 No.44

茶品组合设计

茗一：黄家寨 2015 年潴原

茗二：徐亚和大师亲制 2018 年石介

茗三：2017 年永德大雪山古树茶

茗四：2014 年冰岛古树茶

茶会实际呈现

地点：武汉，繁一阁

时间：2019 年 3 月 10 日

茶舍在龟山葱茏的翠色掩映中，更显出大隐隐于市般的与世无争。
漫步室内，不同区间的多种风格让人不禁有移步换景的感叹。

黄家寨2015年滞原

徐亚和大师亲制2018年石介

2017年永德大雪山古树茶

2014年冰岛古树茶

茶友分享

　　今天下午很开心，虽然我对茶的研究还不够深，但仍想与大家分享一下我对四款茶的感受。第一款我还没感受到精髓。第二款最香，闻杯的时候就已感受到了茶叶的清香。第三、四款喝进嘴里没有涩口的感觉，从回甘的角度来说，第四款是最棒的。喝茶的过程中真正感受到了茶趣，边喝边聊边分享，尤其是同资深的老师与前辈们交流，大家的"传业授道"让我逐渐入门，感谢大家。

——茶友敏

黑茶品鉴茶会

六堡茶，历经岁月的味道

六堡茶，历经岁月的味道

六堡茶

2019年2月17日，农历正月十三，春节已过，年味渐淡，我们来一场茶友聚会，一起感受最后的年味。

茶友们相聚于楚天茶道，围坐、聊天、啜茶。我们期待能用一杯历经岁月的六堡茶，让大家感受时间的魅力，分享节后的喜悦……

六堡茶

－歷經歲月的味道－

狼茶会 No.39

茶品组合设计

茗一：2015年中茶（外贸槟榔香）

茗二：2015年三鹤（六堡茶紧压茶）

茗三：2010年古树六堡茶

茗四：1998年三鹤（大筐茶）

茶会实际呈现

地点：武汉，楚天茶道

时间：2019年2月17日

六堡茶，因原产于广西壮族自治区梧州市苍梧县六堡镇而得名，是流传千年的历史名茶。只是六堡茶是著名的侨销茶，历来远销海外，因而在国内显得有些神秘。在清代嘉庆年间，六堡茶以特殊的槟榔香味而被列为全国名茶之一，享誉海内外。《苍梧县志》记载："茶产多贤乡六堡，味厚，隔宿不变。"

星级茶馆茶会

走进观全庄

茶会创意缘起

走进观全庄

茶会创意关键词

白茶品鉴

　　盛夏来临，养生首选喝白茶。

　　楚天茶道联合观全庄（徐东店）举办夏日白茶品鉴会，与茶友们共品杨丰老师政和白茶，共度清凉的下午茶时光。

305

茶品组合设计

茗一：【白花】2018白毫银针
茗二：【白花】2017高级牡丹
茗三：【和以白】2019年政大丹王
茗四：【和以白】2014年政大丹王

茶会实际呈现

地点：武汉，观全庄（徐东店）
时间：2019年6月15日

　　曾经有位茶人说：不是你容颜易老，而是白茶喝得太少！炎热的夏天，在观全庄共品隆合茶业政和白茶的别样魅力，静品一杯淡雅清甘的白茶，身心皆养。

走进千江月

　　前往武汉市优秀茶楼会所——千江月，感受古朴、静谧的茶室，小隐隐于世，尊享顶级私享茶。

　　走进千江月，品味原野滋味。
　　月饮千江水，千江月不同。

走進千江月

茶会创意关键词

古树茶

在云南临沧永德大雪山——茶树始祖中华木兰栖居地、万茶归宗之地，藏着难以采摘的大古树茶。这里有些地方人迹罕至，国界之处，藏着千百年来生长的最真实的滋味，茶自带山野兰香，可遇不可求。

茶品组合设计

茗一：雪云号2017年野生古树
茗二：雪云号2017年大雪山古树
茗三：雪云号2017年野生古树红茶
茗四：隆合2003年老寿眉

茶会实际呈现

地点：武汉，千江月茶楼
时间：2020年11月7日

　　立冬日，阳光灿烂，楚天茶道"狠茶会"走进千江月茶楼。谈起野生古树茶，廖总如数家珍：因开车走错了路，本想下山，结果却上了山；本想弄一点路边的野生核桃，却在山民家里发现了野生古树茶。万物之间皆有缘，廖总与这款野生古树普洱之间亦有缘。"千江有水千江月"，多么有诗意的名字！有诗意的名字和有戏剧性的寻茶之路，便是这个立冬日下午的茶会主题！

——茶友龙猫

走进汐间茶事

茶会创意缘起

冬日最温暖的事，是与你共赴一场茶之约。

茶会创意关键词

红茶、骏德红茶

龟山脚下，鹦鹉洲头，晴川历历，芳草悠悠。

楚天茶道本期狠茶会"走进"系列，带您走进"汐间茶事"。共品骏德红茶，感受冬日的温暖与喜悦。

—走進—

汐间茶事

2020.11.15

No.83

天茶道

茶品组合设计

茗一：正山小种

茗二：千芳尽品

茗三：三枞知味·木质香

茗四：金骏眉

茶会实际呈现

地点：武汉，汐间茶事

时间：2020年11月15日

　　位于武夷山最北端的桐木关，不仅风景怡人，也是世界红茶的发源地。这片自然保护区最核心的区域，既见证了传统正山小种红茶的问世与发展，还目睹了红茶新贵金骏眉的产生与风靡，孕育了一个又一个红茶传奇的诞生。

茶友分享

　　滚滚长江东逝水。远处，是橙红色的鹦鹉洲长江大桥；身边，是骏德的几款优质红茶。

　　又是一个阳光灿烂的周末，楚天茶道狠茶会来到汉阳，来到长江边的"汐间茶事"。

　　和茶室连通的，是一个大露台。露台上鲜花盛开，此处看江，更直观，更真切，更有意境。

——茶友龙猫

茶会可以这样办

高质量茶会的100个要点

茶会在中国的举办频率越来越高了。

回溯到十年以前，茶会是非常少的，很少听说有哪个城市举办茶会。但是现在我们看到，在中国各大城市，包括相对小一点的城市，甚至一些村镇里都开始举办茶会。

楚天茶道十年以前就开始办茶友会了，那时候还是所在城市的第一家。至今大大小小的茶会差不多办了300场。尤其是最近几年，我们的"狠茶会"举办了100多期，颇受茶友喜爱。

我们也举办过一些中型或者100多人的大型茶会，积累了一些经验。每一次茶会，都是我们不断打磨，不断总结，不断提升的过程。当然，我们也非常有幸参加茶界同仁举办的茶会，包括受邀指导一些中国五星级茶馆的茶会，或者是和他们联合举办茶会。通过这些途径，我们对举办茶会又有了更多心得体会。

茶会是茶领域的一种艺术形式。大家都知道"茶艺"一词，这么多年以来，茶艺大多停留在表演上，即用大约十分钟来展示茶的整个冲泡流程，加上音乐、主题背景等。

茶会和茶艺表演相比，是更高级、更综合的艺术形式。在茶会里不仅仅有茶的冲泡，还涉及创意、策划，以及茶会上茶席、场景等茶会相关的所有布置，持续时间也会更长，达到2至3个小时。

如何举办高质量的茶会？这是值得我们关注和用心思考的问题。

举办一场好的茶会要考虑的因素非常多。结合这么多年的茶会实际操作经验，我们总结了可以把控茶会质量的100个核检项。希望对大家举办茶会有参考价值。

有一些茶会质量不高，主要原因是茶会的主办人在整体考量上不够细致。质量体现在细节上，对细节的把握实际上就是我们办好茶会的关键。

下面我们从茶会前、茶会中、茶会后三个方面，来给大家逐一讲解办好茶会需要考虑到的诸多细节。

茶会前的准备

1. 是否需要确定一个茶会主题？

茶会最好能确定一个主题。很多初期开始举办茶会的茶友往往不太会考虑茶会的主题，就是简单地邀请茶友来喝茶。但是要真正把茶会办好，就须在主题的提炼上下一番功夫。主题之于茶会就如画龙点睛之笔。

"狠茶会"是我们举办的系列茶会，到目前有100多期了。

"无我茶会"，是台湾非常知名的蔡荣章老师创办的，它有一整套专门的仪式，在全世界都影响深远。

"国际茶会"，是上海的鲍丽丽老师每年主持举办的一个茶会品牌。

"云茶寮"，是昆明的王迎新老师举办的系列茶会。

"廿四茶集"，是隆合茶业推出的系列茶会，它根据二十四节气来喝不同的茶。

"周三云茶会"，是一个知名岩茶品牌的系列茶会，每周三在全国各地同时举办。

"海棠成诗"，是楚天茶道在海棠花开的时候举办的一场户外主题茶会。

所以茶会主题的提炼非常重要，花费一点精力确定一个茶会主题是值得的。

2. 是否需要设计一张茶会海报?

如果是比较正规的、要邀约很多茶友来参加的茶会,最好能够设计一张茶会海报。设计精美的海报本身就有利于文化传播。

上面是我们设计的两张海报。找一个好的设计师来设计茶会海报,契合主题,美观大方,再把重要的茶会信息放进来即可。针对不同主题的茶会,大家都可以运用知识储备或灵感来设计出茶会海报。

3. 茶会需要泡几款茶？

第三个要考虑的点，就是泡几款茶比较合适。有些茶会举办人经验不足，恨不能一次茶会把所有好茶都拿出来分享。实际上，在茶会中，要真正泡好一款茶，要20到30分钟。这个时间比平常泡一款茶的时间要长。在一巡茶的流程中可以让茶友传看、欣赏茶之形，闻茶之香，泡好后再分给茶友来品尝，最后甚至还可以看看叶底。这样下来一泡茶的时间差不多在30分钟。而茶会总共的时间在2至3个小时之间是比较合理的。按照这个时间，喝四款左右的茶比较合理。如果泡得更细更慢，可以泡三款；如果泡得快，可以泡五款。当然还有一些特殊情况，比如这里呈现的图片里有十款绿茶，这就是一个特殊的茶会。为了让茶友们能一次性地认识中国四大茶区，品味不同产区、不同工艺的中国名茶，所以安排了十款之多。但是在泡茶过程中我们减少了冲泡次数，同时整个茶会的时间相应有所延长。

4. 是否需要写出茶品名称？

品鉴茶品是否需要写出名称？比较随意的情况下，可以直接把茶拿上来给大家喝，但是这样一带而过地喝完，茶友最终可能不太记得茶的准确名称，或者后期容易混淆。

因此在举办茶会的过程中，把茶的名称用比较醒目的方式呈现出来比

较好。很多茶友愿意去了解茶名，这对于茶友学习茶、记住茶，包括后期分享心得体会都是非常有利的。

5. 茶品名称如何呈现？

茶品名称要不要手写？我们的确可以用书法来呈现这些茶的名称，甚至加盖一枚印章，这也能为茶会增加雅趣。

当然也要分场合。有些时候做品牌茶的分享，可能并不需要去手写呈现，用品牌本身的风格呈现效果也很好。

6. 是否需要呈现茶的原始包装？

在一些情况下，茶会上可以呈现茶的原始包装，比如说包装上有特色的茶。有些非常珍贵的老茶，我们确实需要去欣赏它特殊的包装，这本身是能令茶友开心的事情。有些老茶的包装有历史底蕴，而且还能涉及鉴别真假的学问，在这些情况下都可以去呈现原始的包装。

如果这场茶会的重点不是突出茶，而是有一些重要的主题，那么为了避免冲淡主题，把茶叶直接以茶则拿出来冲泡，也是可以的。

另外，如果茶会需要避免品牌痕迹、商业痕迹，可以不呈现原始包装。

7. 茶会用茶的顺序如何安排？有什么讲究？

茶品的顺序，也需要用心斟酌考虑。如何让大家更好地品味到茶的色香味？如何让大家更好地感受到每一款茶的风味区别？一般来讲，在品鉴顺序上，我们有几种通用的基本顺序。

一种是按照茶叶的口感浓烈程度排序。一般而言，口感比较清淡的茶放在前面喝，比较厚重的、浓烈的茶放到后面。第二种做法，是把年份比较近的茶放到前面，把年份老的茶放到后

面。最后，我们还可以通过茶叶的等级，或者不同的价位来区分，从等级低的或者价位比较低的茶喝到等级高的、价位比较高的茶。

这些都是比较常见的品茶顺序。

8. 茶会中需要更换不同的泡茶器皿吗？每一款茶分别用什么器皿来冲泡？

在茶会中，一巡茶下来，我们可以考虑在换茶的同时也换器皿。这也是一种比较高级的茶道仪式的呈现。对不同茶器皿的欣赏，也是茶会"以茶雅志"的人文精神的体现。不同器皿的使用，对器皿本身的鉴赏，其实

也是茶会美学的重要内容。

　　每一款茶都有比较适合它的冲泡器具，以便呈现出茶的最佳风味。老白茶比较适合煮，我们可用煮茶器皿来呈现。红茶、乌龙茶适合用盖碗。绿茶一般使用玻璃杯，特殊的绿茶可能还要用到特殊的玻璃杯。例如太平猴魁，最好用直立的、口径比较细的玻璃杯来冲泡。老茶一般适合用紫砂壶。

9. 茶会用什么水？是否需要提前试水？

　　一般茶室中以下几种水比较常见：一是饮水机过滤之后的自来水；再就是桶装天然水，如"农夫山泉"；还有桶装纯净水，如"怡宝"；另外还

有一些特殊的山泉水，如"昆仑山雪山矿泉水"。不同的水所呈现的茶汤风味会有所区别。有些水可能很贵，但并不适合泡茶。比如说有一些矿物质含量比较高的矿泉水，如果用它去泡红茶，红茶的汤会显得晦暗，不明亮，甚至对茶的滋味也有影响。因此，茶会应该尽量用平时比较常用的水。如果是用不了解的水泡茶，一定要提前冲泡试验，看看如何呈现茶的最佳风味。

10. 茶会是否需要准备茶点？

茶点的准备非常重要。吃茶点一般也是茶会流程的一部分。喝茶会加速肠胃的消化，所以喝茶之后人往往会感觉到有点饿。茶点最好有三五个不同品种。一般建议尽可能选择当季的传统食品和当地特色食品。茶点要避免过于油腻，以精致、小巧为宜。

11. 茶会茶点如何摆盘？

盛放茶点的器皿亦应有美学的考虑。茶点以每人一份的形式奉上为佳。如果做不到，可设茶点区，或摆在茶桌上，供茶友自由选取。

12. 茶点在什么环节奉上为佳?

这个问题上茶会主办者常会考虑不周。为了表现对茶友的热情，主人往往很快就把茶点全部摆到茶桌上，但是这就忽略了一个很大的问题。中国茶一般较轻淡，我们如果边吃茶点边喝茶，那么很难体会到回甘、生津以及茶韵等高级的品饮感受。所以中国茶会上，我们饮茶的时候是不吃茶点的，以清饮为上。

在茶会之初不要把茶点放在茶桌上。当喝了两巡茶之后，我们再安排一个专门的茶歇时间，把茶点拿出来给大家。这种感觉会更好。茶歇之后，进入下一巡茶的品鉴，我们会把茶点收到另外一个区域。这样就不会影响大家品鉴接下来的茶品。当然这是对专业品鉴茶的茶会而言。有一些茶会不是特别强调茶的品鉴，只是做一个开心的品茶聚会，那么大家边吃边喝热热闹闹的也是没问题的。

13. 茶会现场桌椅怎么摆放?

如果是比较大型的茶会，对每一张茶桌的尺寸和位置，都要进行比较细致的考虑。因为这涉及场地大小以及参与人数，还要考虑行走线路是否方便，以及电线、烧水的安排等诸多因素，要专门根据实际尺寸进行设计，保证现场安排的合理。如果做小型的茶会，对桌椅的摆放也要有所考虑。现在的茶会一般来讲是分桌的。首先要确定每一桌的主泡师以及副泡助手的座位，以此安排茶器具的摆放。接下来安排客人的座位，每

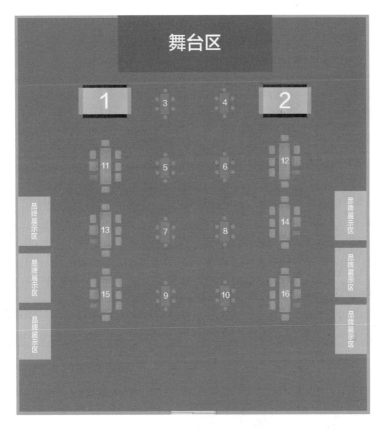

一桌坐多少人也要考虑清楚。如果茶会本身有特殊需求，我们也需要做一些特殊的调整。

14. 茶会灯光怎么布置？

茶的完美呈现需要有很好的光线。放置盖碗或者茶壶的地方为主位，类似舞台区，是茶友视线聚焦的地方，需要有稍微强一点的光照。茶友所待的位置，一般来讲光线不需要太强烈，应避免很强烈的光打在客人的头上。在茶会布场的过程中，应把灯打开，看一看场地的光线是否合适。

15. 茶师由谁担任？

比较正式的茶会中需重视茶师的人选。茶会茶师一般由比较资深的茶人担任。茶艺尚不精者，不宜担任茶会之茶师。

茶会可以这样办　／
335

在习茶会上，可以由茶学员担任茶师。但是也是要经过选拔，并让其接受额外的训练。

16. 茶会需要几位茶师？

茶会需要安排几位茶师？这需要根据席位的数量来决定。席位数量一旦确定，茶师的数量也就确定了。

17. 茶师对冲泡的茶品是否应熟悉？是否需要提前试泡？

茶师确定后，还需进一步确定两个问题：茶师对茶会上要冲泡的茶品是否熟悉？对茶会要使用的冲泡器具是否熟悉？

茶师如果对此不熟悉，则需要提前和茶师沟通，最好是进行试泡。大

家不要觉得，专业茶师很有经验，肯定是没问题的。如果茶师对这个茶并不了解，或者对器具并不熟悉，那么在冲泡的过程中可能并不能体现出茶最佳的一面。

18. 如果涉及多位茶师，茶师之间的冲泡方式和时间是否需要统一？

如果茶会涉及多位茶师，那么茶师之间需要有所协调，形成默契。如果茶会要求多茶席间规范统一，所有茶师统一开始冲泡同一款茶，用同一种器皿，冲泡时间基本一致，冲泡次数统一，以保证茶的风味基本一致，那么就必须提前让茶师了解规范及要求。

当然有一些茶会允许茶师们自由发挥，以体现每一个茶师不同的泡茶风格和器皿风格，这时则不用做过多的硬性要求，让茶师在一定的时间范围内自由发挥就可以。

19. 需要为茶师安排助手吗？

一般需要为茶师安排助手。助手需要了解工作事项，以便和茶师之间默契配合。如果茶师和助手彼此不太熟悉，那么要提前进行沟通，了解细节。

20. 茶会需要几位助手？

一般应确保一位茶师至少有一位助手协助。如果是中型茶会或者大型茶会，则需要的茶师助手人数更多、工作量更大。遇到突发情况时助手也能发挥很大作用。比如户外遇雨时，茶师实际上很难离开自己的位置，这时助手的重要性就体现出来了，得赶紧准备雨伞或采取其他避雨措施。可见，茶会缺少助手容易手忙脚乱。

21. 对茶师的服装是否有要求？

茶会对茶师的着装会有较高的要求。茶师穿着应得体、讲究。如果着装过于随便，如T恤等，或者衣服颜色大红大绿，在茶会上会显得格调不高。因此，茶会前应就着装与茶师有所沟通。

22. 对嘉宾的服装是否有要求？

茶会对嘉宾的服装亦应有所要求，尤其是当要营造出比较符合主题的氛围时。参加中国茶会穿中式服装，或穿宽松、素雅的茶人服是比较得体

的。有些特殊主题的茶会对出席茶会的服装会有更具体的要求。比如说旗袍茶会、汉服茶会，这样的茶会中，着装本身就构成了茶会的主题。

23. 茶会是否需要背景音乐?

茶会可以有背景音乐。茶会背景音乐往往是舒缓、轻松、高雅的乐曲。古琴、洞箫都是好的选择。快节奏的摇滚乐不适合茶会氛围。中国茶会雅静为上,音乐的音量也不宜过大。

有些茶会也可以不需要背景音乐。在户外茶会中,流水声、鸟鸣声、松风声就是极好的背景音乐。

24. 背景音乐需要几支? 在什么环节播放?

比较讲究的茶会甚至会在每一款茶登场的时候,专门安排一曲音乐来配合。六大茶类风格不同,我们选取的音乐风格也可以有所不同。另外,也可以根据节令的不同,选择不同的音乐。

25. 茶会是否需要乐师?

将茶与音乐结合,是中国茶文化的传统。

茶会是否需要乐师取决于茶会的主题。有些茶会是综合性的雅集,那么完全可以邀请乐师参与,把音乐元素加入茶会之中。古琴、洞箫、琵琶、钢琴,均可穿插于茶会中,来为茶会增光添彩。

26. 乐师在什么环节演奏？演奏什么曲目？

乐师可以即兴发挥。我们也可以在茶会举办之前跟乐师商量，根据主题、节令以及茶品来确定曲目。如果是付费邀请的乐师，最好事先确定演奏哪些曲目，以及在什么环节去演奏。

音乐可以安排在茶会开始之际。一曲雅乐可以帮我们平静心绪，快速进入茶会的氛围，从一个放松、随意的日常状态，进入茶会的高雅氛围。

茶会的中场之际，当饮茶渐入佳境时，我们的心中仿佛会有音乐响起。这时来一曲，让音乐与我们口腔中茶的余韵形成"共鸣"。这个就是我们经常讲的"听茶"的意境吧。

在茶会结束之际，大家喝得特别开心，意犹未尽，这时的音乐会给人余音绕梁之感。

27. 茶会客人需要公开招募吗？

茶会是否需要公开招募客人，这也是要考虑的一点。有一些茶会并不需要公开招募，通过邀约的方式请客人来参加就可以了。

除此之外，茶会也可以选择公开招募客人。

28. 茶会需要预告吗?

公开招募客人的茶会，一般来讲要有预告。邀约形式的茶会有些也会出预告。

预告可以采取很多种方式：电子海报、微信公众号发布预告文章等。

29. 茶会是否需要收费?

如果茶会本身是联谊性质的，或者答谢性质的，来宾为邀约嘉宾，则无须收费。但有些茶会是可以收费的。茶会收费就像我们到音乐厅去参加音乐会需要购票一样。

一场高雅茶会的准备工作之多，不亚于一场音乐会。举办一场茶会主办方要付出的成本是很高的。因此，茶会收费是有其合理性的。

30. 如果收费，应如何收取费用？

如果是收费的茶会，首先涉及茶会定价。茶会涉及很多成本，把成本算清楚，定价就不难了。

茶会如果收费，那么茶会的主办方跟茶友就成了一个契约关系，茶会的主办方就要对茶会的质量提出更高的要求，让茶友感觉物有所值。茶会收费其实还有利于控制人数，筛选真正感兴趣的茶友。一个机构如果在成立初期举办收费的茶会，那么收费应相对低一点，因为大家对你的茶会质量还不了解。如果形成口碑和品牌了，则收费可以略高一点。当然有了更高的收费，就需要去呈现更高质量的茶会。

31. 茶会如果收费，是否需要告知茶友收费细节？

主办方可以告诉茶友在茶会中会有哪些重要流程，以及要喝哪些茶。

如果是很成熟的茶会，或者已经形成固定风格和模式的茶会，也可不公布细节，只发布预告，然后茶友报名即可。

32. 茶会是否需要确定一位联系人？

举办茶会最好能提前确定一名（或多名）联系人。茶友来参加茶会前，尤其是第一次来参加的茶友，会有很多疑问。确定联系人和联系方式，能极大地便利茶友。茶友如有不清楚的地方，可以随时向联系人询问了解，这是关乎茶会服务质量的一个很重要的方面。这个方面做得好，茶友会感觉到内心温暖、如沐春风。

33. 如何邀约茶会客人？通过什么方式通知客人？

最简单的通知方式，是在举办茶会之前，主办者编辑一则短信发送给邀约对象，告知茶友茶会主题、地点、时间、注意事项以及联系人联系方式等重要信息。当然，通过邮件、微信以及其他便利的方式也是可以的。

尊敬的xx 您好，您已经成功报名楚天茶道"第132期狠茶会——白茶的陈化及仓储"，期待您的光临，为了确保活动质量，请您按时抵达活动现场🌹
【茶会地址】：武汉市楚汉路湖北银行大厦旁几品楼
【茶会时间】：2022年5月28（周六）下午14:00-16:30
温馨提示：
1.为确保活动效果请着宽松的衣服🌹🌹🌹
2.请勿喷过浓的香水🌹🌹🌹

34. 需要提前多长时间邀约茶会客人？

一般来讲邀约客人应提前一周左右，至少三五天。如果是发布预告，小型茶会应提前一周左右，规模较大的茶会应提前半个月到一个月。这样才会有比较充分的准备时间。准备的时间越充分，茶会的质量越高。

35. 邀约客人时需要告知哪些重要事项？

时间、地点是最基本的信息；其次是联系人、联系电话等。

另外，根据需要，可以列明建议的交通方式及对着装的要求等。有些特定主题的茶会可能会要求与会者穿民国服装，或者穿汉服、旗袍等。

如果还有其他特殊要求，也应提前明确告知客人。

36. 是否应禁止儿童参加茶会？

有些茶会比较正式，可能会谢绝儿童出席。

有些茶会举办的场所对于儿童来说有一定的风险，比如可能要用到炭火、开水等，这时为了安全起见，可能会禁止儿童参加。如果有这些要求，应提前告知茶友。

有些茶会则相反，甚至鼓励小孩跟家长一起来参加茶会。如果有小孩参加茶会，这个时候主办方要更加小心，提醒家长照顾好这些小孩，不要出现烫伤、触电等危险情况，也不要打碎物品。如果小孩过于吵闹，可以让家长跟孩子暂时离开会场。

37. 茶会人数应该控制在多少位？

茶会的人数控制需要提前规划。越是高规格的茶会，对席位的安排越要做到精确。

有些茶会对席位以及茶点等细节的安排是按人数设计的，人数控制不周会出现很多尴尬场面。

38. 如何防止茶会人数失控？

一些茶友不拘小节，可能不经邀请就来参加茶会，或者没有提前预约，就带朋友过来参加茶会。这可能会打乱茶会节奏，影响到茶会整体的质量。提前告知茶友尽量避免这种情况，可防止出现一些尴尬的情况。

茶会人数过多或者过少都应避免。茶会人数过少，往往是由

于举办方缺少经验，导致茶会现场较为冷清。这就需要主办方不断改进和打磨自身能力与水平。

39. 茶会前一天是否需要再次提醒客人，再次确定参与人数？

茶会举办的前一天，可再次提醒茶友茶会时间，以免他们遗忘。同时，也可以通过再次跟客人确认，使茶会人数的统计更为准确。

40. 是否需要确定每一位来宾的座席？茶会嘉宾的座位要不要提前安排？

在一般茶会中可能不太需要确定每位来宾的座位，大家按照入场的先后顺序寻找自己喜欢的座位即可。

但是如果茶会人数比较多，为了避免混乱，可以提前确定每一位茶友的席位，形成一个座位安排表。这样当客人到达时，可快速地落座。

一些重要的茶会也可能需要提前确定席位。如果有比较重要的嘉宾，也许应安排在比较靠前或居中的位置。另外如果有相互比较熟悉的茶友或一块过来的茶友，可安排他们坐在一起。

41. 茶会是否要安排迎宾人员？

比较隆重的茶会或者大中型的茶会可专门安排迎宾人员。迎宾人员任务包括引导停车、入场、沐手、签到、拍照、就座等。小型茶会一般不需要安排专门的迎宾人员，但主办方也需做好迎宾的各项工作。

42. 是否需要告知客人前来会场的交通方式以及会场停车方式？

这是主办方容易忽视的点。一些茶友可能是第一次过来参加茶会，他们对茶会地点很陌生，这个时候需要给予他们明确的指引。现在手机导航很方便，但还是有一些地方是手机导航无法清晰指示的。这时，一张路线指引图也许能大大降低客人寻找茶会地点的难度。这是对茶友用心服务的一种体现。相反，如果客人久久找不到茶会场地，会感觉烦躁，从而影响对茶会的美好体验。

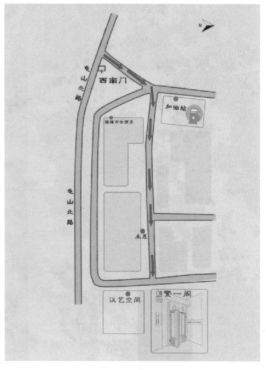

品鉴主题
期以十年 老生茶的陈化魅力
品鉴茶品
壹 2014年 馨月饼
贰 2012年 石介
叁 2002年景迈古树生普
肆 1992年中茶大红印
茶会时间
2017.12.23 两点至四点半
茶会地点
徐东团结大道1019号新绿美地
3-2-1103 楚天茶道

43. 茶会时间多久为宜?

一场茶会举办下来，2至3小时是比较合适的。时间太短会让大家意犹未尽，时间过长也会让客人觉得疲倦。

44. 茶会何时开始？何时结束?

下午的茶会两点半左右开始，四点半左右结束比较合适。来宾午饭后或许有午休的习惯，还有路途等因素要考虑。另外，通知的开始时间可以比正式开始的时间提早半个小时。

茶会结束的时间也不宜过晚。一般来讲，如果下午举办茶会，不应晚于五点半结束。茶会结束之后，没有其他安排的茶友，可继续留下来稍作交流。

有些茶会可能在上午举办，或者夜晚举办，也要充分考虑开始和结束的时间。

45. 茶会是否需要一位主持人?

比较隆重的茶会，或者规模较大的茶会，可以安排一位专门的主持人。主持人要熟悉整个流程，熟悉重

要的嘉宾，熟悉茶会的主题，熟悉场地等。越专业的主持人，其控场能力和对整个茶会节奏的把控能力越强，可以为茶会呈现效果加分。但茶会主持的风格一般不宜过于活泼，这是需要提醒主持人注意的。

茶会主办人也可兼任主持。主办者对各方面情况更加熟悉，如果还具有一定的主持能力和控场能力，则是完全可以胜任的。

46. 茶会是否需要安排开场讲话？

如果茶会本身有重要主题，那么是可以安排开场讲话的。有些规模较大的茶会在流程中就会安排主题发言环节，或者重要嘉宾致辞。需要注意的是，一般茶会演讲都不宜长篇大论。如果安排有正式的发言环节，应提前和演讲嘉宾沟通，以便早作准备。

有时小型茶会也会有即兴的演讲。如果主办方和演讲人彼此很熟悉，那么临场安排即可。

47. 茶会当天的天气情况对茶会有影响吗？

需要提前了解茶会当天的天气状况。过于恶劣的天气甚至会导致茶会取消。风霜雨雪、交通不便等因素都会对茶会的举办产生影响。尤其是户外茶会受天气的影响更大。

即使茶会在室内举办，也需要提前准备更多的应对手段。比如提前告知茶友天气情况，提前准备一些雨具，安排更多的现场工作人员，帮助茶友顺利到达现场等。

48. 茶会当天悬挂的字画需要特别布置吗？

茶会现场悬挂的字画称为茶挂。茶挂在茶会空间中的地位正变得越来越重要。以前的茶会对于茶挂的考虑不多，但今天对茶会现场茶挂的呈现效果要求越来越高。不同的主题，可以有不同的茶挂；不同的节气，也可以呈现不同的茶挂。

茶挂应悬挂在室内重要的位置。茶挂可以成为一场茶会的灵魂，在茶会现场起到画龙点睛的作用。

49. 茶会当天的插花需要特别安排吗？

美好的茶会不能缺少插花。室内茶会中，插花作品在某种程度上相当于把大自然的气息带到了现场，从而营造出茶会现场自然灵动的氛围。插花应是鲜活的，材料选用上，花、草、果皆可。应尽量采用当季的花卉，色彩和选材也应考虑茶会的主题要求。

50. 茶会的流程要不要形成一个文字清单?

一个完整的茶会过程包含诸多流程,尤其是比较大型的茶会,流程更加复杂。如果有一个文字的清单,有利于茶会主办方统筹,需要重点注意的地方还可以加上特别备注,这样有利于茶会的整体安排。

51. 茶会的物料要不要列一个清单?

一场茶会到底涉及多少物料的准备?仔细核算下来可能超出很多人的想象。除了比较大型的茶会,哪怕是小型的茶会涉及的物料都是非常多的。因此物料清

时间	内容
提前准备	场地布置:桌椅、茶具
	狠茶会茶友分桌
	茶点(糕点、水果)
	茶样
	插花
14:00-14:30	活动签到
	闷茶:1922
14:30-15:00	主持人开场
	郭总致辞
	分享
15:00-15:40	茗一:2022年牡丹王
	茗一:2019年牡丹王
15:40-15:50	中场茶歇
15:50-16:20	茗三:茉莉绿茶
	茗四:人种天养
16:20-16:30	现场交流和分享

单我们准备得越细致，茶会越不容易出问题。尤其是如果要将物料运到其他场地，甚至是户外，那么这个清单就更加重要，务必详尽。茶会主办者需要对照清单逐一检查核对相关茶品器物是否齐全。建立文字清单还有一个好处，就是方便下一次茶会参考。如果仅凭印象来准备物料，会出现很多漏洞，而且影响效率，有了清单就好很多。

项　目	状　态	数　目	责任人	对接方
楚天茶道宣传折页		300	万　欢	万　欢
茶馆业高峰论坛支持单位奖杯	已确认	10	万　欢	万　欢
"复兴中华茶道美学"听茶优秀茶席奖杯		16	万　欢	万　欢
四个展位宣传墙设计及楚天茶道外厅宣传墙		1	万　欢	广告公司/胡晓东
舞台的灯光		1	胡　盛	广告公司
会议用门型展架		5	舒　桐	广告公司
支持单位的门型展架			舒　桐	广告公司
听茶茶会的入场券		100	舒　桐	广告公司
晚餐用的餐券		100	舒　桐	广告公司
张志纲大漆作品的价格标签/标签架子			舒　桐	广告公司
听茶的桌号		16	舒　桐	广告公司
颁奖的背景图			舒　桐	舒　桐
桌号标签支架			舒　桐	广告公司
图片直播及短视频制作				
电子横幅内容	待沟通		黄开宇	
酒店赠送的大门引导牌内容	待沟通		黄开宇	
电子竖屏的宣传图片	待沟通		万欢/黄开宇	
听茶人文扇子	已采购	150	万欢	
9月9日上午会议的桌椅摆放对接	待沟通		黄开宇	荷田酒店
主持人的流程联络对接	待沟通		黄开宇	
会场的插花（主席台、1号和2号茶席的插花、签到墙、茶歇区）	待沟通		聂小满	袁本濂
酒店自助餐券			黄开宇	
广告公司方案报价及验收	已对接		胡　盛	广告公司

52. 茶会上是否需要设置自由交流环节?

茶会进行到半场时最好安排一个供茶友略作休整并自由交流的时间。这个时间可以控制在半个小时左右。在这个自由交流时间内大家可以吃茶点，和老师沟通，和茶友交流。大家可能是好久未见面的朋友，借此机会叙叙旧；也可能大家愿意向嘉宾请教，或者有些问题需要探讨。茶会不是呆板的会议，茶会是充满人情味的雅集。

当然有一些茶会可能出于特殊的考虑，把这个交流时间放在茶会之前或者是茶会之后，这也是可以的。

53. 是否需要制作桌牌?

如果茶会有很多桌，我们可以为每一桌分别编号。规模较大或比较隆重的茶会，茶会主办者可以提前设计一个标有桌号的立牌放在每张桌子上，以指引茶友快速入座，避免混乱。

54. 是否需要给每位嘉宾制作茶会小卡片?

高雅的茶会有时会给每位茶友准备一张设计精美的茶会小卡片。这个小卡片上可以包含茶会流程、茶会上会喝的茶品,以及每款茶有什么特点等信息。卡片上还可以印上茶会主题,以及与茶会主题相关的诗句。

一张温馨的小卡片,除了方便茶友了解茶会之外,也值得被珍藏起来,作为一期一会的美好回忆。

55. 茶会是否需要安排摄影师?

茶会是否需要安排摄影师,甚至摄像师?这些也需要提前考虑。如果要对茶会进行后期报道,或者需要将茶会现场的图片分享给客人,又或者主办方要把现场图片作为资料留存,那最好是提前安排摄影师。

有些茶会重视私密性,亦担心摄影师会打扰到茶会的清静氛围,则不需要安排

摄影师。

不过我们如今到了一个特别喜欢"秀"生活的时代。很多茶友喜欢拍美照发朋友圈，所以安排摄影师在我们今天的茶会中是符合茶友需求的。很多茶友很享受这个过程，甚至还会主动找摄影师来拍一些茶会美照。如果茶会安排有摄影师，应尽快将拍摄的图片分享给茶友。

56. 是否需要确定茶会预算？有哪些方面需要付费？

一场高质量的茶会，需要花钱的地方是很多的。首先是人员方面，除了内部人员，音乐师、摄影师等可能需要从外部聘请。物料方面，除了茶具、茶品、茶点的准备涉及付费之外，也许还需要准备礼物。如果在户外举办茶会，可能还会涉及场地费、运输费等。这些费用都应提前规划。

57. 茶会上是否有购买行为发生？

茶会现场是否涉及购买行为的发生？这也是需要考虑的问题。有些茶会可能不涉及购买，只是举办一场纯粹的茶会。但是有一些茶会是允许有购买行为的，这些茶会本身就带有一定的商业推广性

质，往往会在现场陈列一些可以购买的产品。

在举办有购买行为的茶会时，主办者应考虑怎么做到恰到好处，让茶友不觉得有压力，甚至欣然接受。

58. 茶会上如果有产品出售，如何提前准备？

如果茶会安排了产品售卖的内容，那么需要提前认真准备。主办方内部应安排一些培训，了解清楚产品的特点、定价等细节。甚至需要安排专门的收款员。至于收款的方式，是不是需要收款设备，怎么登记、开票、包装等，都应在茶会之前提前规划清楚。

59. 茶会如何把握商业尺度？

有一些茶会作为纯粹的雅集不涉及任何商业行为，但有一些茶会含有一定的商业元素，这就涉及一个尺度的把握问题。一般来讲茶会不宜有过浓的商业"叫卖"氛围，否则会让茶会失去本身该有的平和与宁静。如果过于商业化，那么不用做茶会，直接做推广会即可。茶会中的商业元素，更多是为了在茶友心中建立品牌好感度和知名度。现场能销售多少，一般不是茶会追求的重点。完成"润物细无声"的商业宣传，才是茶会引入商业元素要达到的效果。

60. 茶会是否需要确定一位项目负责人？

确定一位项目负责人对于茶会质量非常重要。这个项目负责人通常是茶会主办方的内部人员，可以是部门经理或主理人的助手等。项目负责人的职责是将整个茶会从头考虑到尾，从头负责到尾，进行统筹和协调。哪怕项目负责人职务较低，亦应赋予其权力来统筹协调整个茶会。

61. 茶会之前，相关参与人员是否需要开会确定细节？

茶会举办之前，主办方可提前一天开一个检核会议，由项目负责人介绍整个茶会的筹备情况，介绍茶会的流程，进一步明确每一位参与人员的工作职责。通过这样一个检核会来发现问题，便于大家统一认识，互相协调。如果不召开这个检核会议，而直接去举办一场茶会，往往会手忙脚乱。这就是沟通不足带来的问题。

户外茶会的特别准备

再特别讲一讲户外茶会的准备。在户外举办茶会，举办场所或湖光山色，或山清水秀，总之令人心旷神怡。但户外茶会的准备工作特别复杂，要真正办好一个户外茶会，其难度往往是举办室内茶会的两到三倍，尤其需要注意一些特殊的细节。

62. 如果下雨，如何应对？

这是一张不久前我们做的一场户外茶会的照片。照片上看起来阳光明媚，但实际上当天天气预报有雨。我们联合主办方专门增加了三个布篷子以防下雨。结果证明这个考虑非常必要，当天果然在茶会过程中下起雨

了。如果没有这个雨篷，我们当天的户外茶会没法进行下去。

　　这些细节都是我们在茶会之前要充分考虑的。考虑不周，现场就会慌乱。

63. 如果天气炎热，如何应对？

　　这张照片上是一场炎热天气里的户外茶会。考虑到天气炎热，茶会特别安排在大树之下，让阳光透过树枝照射过来。我们特别准备了一些扇子给大家，茶友感到特别开心。纸扇轻摇，凉风徐来，更添人文雅集的气息。

　　如果天气过热，我们甚至需要将户外茶会安排到早晨或者傍晚举办，或者改为室内茶会。

64. 如果风大，如何应对？

徐徐微风，对户外茶会最
好，户外风太大对茶会也有影
响。比如茶会中可能有纱幔，纱
幔微微飘动是很好的，但风大则
无法使用。另外，户外茶桌上还
会有插花，花器在风中也难以稳
定。在户外举办茶会，应使用重
量大、比较稳当的花器。风大还
会导致炭火不稳定甚至发生危险，对于品鉴茶汤也非常不利。

因此，尽量不要在大风环境中举办茶会。

65. 户外是否设置电源？

户外场地是否有电源也是必须考虑的事项。如果有电源，就要解决接
线的问题。户外的电源线应比较隐蔽且防雨，如果户外场地没有电源，我
们则需要解决烧水的问题。烧开水可以有多种办法。譬如可以多准备一些

装有开水的保温瓶带到茶会现场，还可以在茶会现场用炭火或者小气炉烧水。现场烧水还涉及安全的问题，有些场地是不允许用明火的。现在有些车载烧水壶可以烧水，效果还不错。

66. 是否需要户外的可移动音响设备？

户外比较开阔，一般收音效果不太好。茶会上如果有演奏或者讲话，可能会需要好的话筒和音响器材。如果户外茶会上有古琴演奏，除了需要准备不插电的移动音响外，还需要准备专门的古琴拾音器，普通的话筒效果会差很多。

67. 如何搬运茶道器具、桌椅板凳？

户外茶会中，搬运茶道器具、桌椅板凳的工作量是很大的。其实，户外茶会的茶道器具的准备可以适当做减法。陆羽在《茶经》里面也特别讲到了，在户外品茗或者举办茶会的时候，不要求"二十四器"

（陆羽确定的标准煎茶器具）完备。可以就地取材，或者变通使用，减少很多器皿。

68. 户外茶席如何布置?

在户外茶会中，茶席的布置亦可以简化。户外茶会中茶桌可用小型的，椅子或凳子也相应小型化。户外也可以席地而坐，例如使用蒲团等。户外茶席亦可插花，利用户外条件就近采摘一些新鲜的时令花草来布置茶席最好。

69. 茶会所有的布置和准备工作，应如何提前完成?

茶会所有的布置或准备工作需要在茶会开始前完成。如果客人已经到了，场地还没有布置好，难免慌张，会给客人留下不专业的印象。我们尽

量在茶会正式开始之前，至少提前半个小时完成所有的准备工作。如果茶会两点半开始，整个布置应该在两点之前全部做完，不要把工作留到最后一分钟。大型茶会需要的准备工作更多，时间提前量也会更大。有些准备工作应提前一天完成。

70. 茶会负责人如何检查所有的细节？

茶会的负责人在茶会开始之前还要对照清单逐一检查所有的细节。如果具体事项分给了各个责任人，则每位责任人也要分别检查和自己工作有关的所有细节是否落实到位。一旦发现问题，及时予以解决。所以茶会负责人这个角色是极其关键的。

茶会中

71. 客人找不到茶会场地，怎么办？

茶友找不到茶会举办场地的情况经常发生。特别是第一次来参加茶会的茶友，因为不熟悉场地，容易出现这个情况。在茶会之前把相关联系人的电话号码等信息告诉茶友，那么一旦茶友找不到场地，就可以迅速与其联系。

另外，为了避免出现这个情况，应提前把引导信息、导航地图等发给茶友，减少茶友寻路的麻烦。如果茶友真遇到问题，那么茶会联系人应详细告诉其路径细节，甚至有必要出去迎接。

72. 需要设签到环节吗？客人如何签到？

比较正式的茶会还会安排比较隆重的签到环节。比如，可以准备签到用的卷轴以及相应的毛笔、墨水。大型茶会也

可以用签到墙。签到过程中一般会安排摄影。签到形式也可以充满创意。
我们有一次在茶园里面开茶会，用茶叶来进行签到，每一位客人在一片茶
叶上签上自己的名字，客人的体验非常好。类似的创意，茶会主办者可以
尽情发挥。

73. 是否需要安排沐手环节？

比较讲究的茶会会安排沐手的环
节。沐手也是一种茶会的礼仪。茶会是
高雅的艺术活动，每位茶友都参与其
中。沐手可清心，有利于茶友进入茶会
高雅清净的氛围之中。

74. 是否应安排专人引导茶友入
座？

大型的茶会，因为席位较多，茶友
可能不容易找到自己的位置，这个时候
应有专人引导入座。

即使是小型茶会，当客人到达现场时，主人主动引导客人入座也是重
要的礼仪。

75. 是否需要介绍嘉宾及茶友?

是否需要介绍茶会重要嘉宾取决于茶会本身的性质。有些茶会本身带有联谊性质,或者茶会本身就是为重要嘉宾而举办的,那么会在茶会开场时特别介绍重要嘉宾。有些茶会不在茶会进行中特别介绍嘉宾,而是安排在茶会休息时间进行介绍。

76. 是否需要茶友进行自我介绍?

这个问题也是根据不同的茶会有不同的安排。有些茶会不需要出席的茶友互相自我介绍。有些茶会的目的就是让大家相互认识,相互了解,就会安排茶友互相介绍,讲讲自己对茶的认识与喜好,以及其他的爱好,包括自己的职业等。这样有利于茶友快速熟悉起来。茶友圈本身就是一个兴趣圈,在茶会中茶友可以很自然地结交到一些非常投缘的朋友。

77. 是否需要专门介绍茶师?

有些茶会不会专门介绍茶师,但有一些茶会对茶师非常重视。专业茶师可以成为一场茶会的真正主角。如果我们在茶会开始之前介绍过茶师了,茶会中就不用再专门介绍,这是我们要考虑到的一个点。

78. 如果茶友交流过于喧闹，怎么办？

一般来讲茶会要求清净为上，即使讲话也应轻声细语，过于喧闹会影响茶会清雅的气氛。然而，有时茶友交流过于热烈，就会显得喧闹。这种喧闹可能影响到其他茶友的品鉴。那么在茶会中遇到这种情况时，应该善意提醒，让大家小声交流。茶会中会有热烈的时候，也会有高潮，但总体不宜过于喧闹。

79. 如果茶友接电话太大声，怎么办？

在茶会中应该把电话调到静音，如果茶友接听电话声音太大，一定会影响茶会氛围，干扰到其他茶友。这时应引导其暂时离开茶会现场，到会场外接完电话后再回到茶会现场。

80. 如何应对未预约而突然到来的茶友？

应尽量避免没有预约的茶友突然来到茶会现场，在茶会前期准备中就应提醒茶友这一点。当然有一些茶会形式比较松散，有一两个未预约突然来访的茶友不影响大局，我们临时安排座位，热情接待他们即可。但有些比较隆重的茶会中，席位是确定的，并且经过了精心布置，甚至茶点都是依人数准备的。这时临时到访的茶友可能无法入席，我们只能加以解释和安抚，避免现场产生混乱。

81. 如何应对茶友带来的不速之客？

受邀的茶友也可能临时起意带自己的朋友过来参加茶会。要更好地应对这种情况，首先要交代受邀茶友要尽量提前告知我们此种情况，养成良好的茶会习惯。如果条件许可，可提前安排一些备用座位。如果席位有限，临时来参加茶会的茶友可能无法坐到正席，这都需要我们做好解释。一般情况下，茶友都是会理解的。

82. 茶师如何泡好一杯茶?

茶师在现场要如何真正把茶泡好?

首先茶师要提前熟悉茶品、泡茶器具和品饮器具。茶会用茶一定要提前试泡试喝。在这个过程中,茶师分辨出每一泡的最佳出汤时间,确定好最佳的泡茶器具以及品饮器具。另外,尽量准备一个文字版的泡茶要求给茶师,让茶师提前了解冲泡细节和要求。如果茶会有若干茶桌,更需要进行整体规划,以保证每一桌的品饮风味与品饮时间基本保持统一。

83. 遇到突发情况,茶师如何应对?

茶会举办过程中,可能遇到停电、停水等突发状况。针对可能发生的突发状况,茶会举办者应该提前有所预案。比如说遇到停电的情况,可以提前准备蜡烛、炭火、酒精灯等。预案越充分,对突发状况的应对能力就越强。在实在没有解决办法的情况下,有时只能暂停茶会延期举办。这时就要做好解释工作。

84. 针对茶友的不适,茶师如何进行适当的处理?

在茶会举办过程中有时候会遇到一些茶友身体不适的情况。有些不适是因为茶友自身身体的原因,有些不适可能是喝茶引起的。并不是每一款茶都适合每一位茶友。有一些茶友体质较弱,如果饮茶过量,可能会轻微头晕,出现"醉茶"现象。茶师需要注意观察茶友的状况。有些茶友本身患有低血糖症，饮茶几巡之后，尤其是饮过生普或者乌龙茶、绿茶等之后，有时候会有点头晕，在这种情况下，我们可呈上一些茶点、甜点，让其赶紧吃下，这样可以迅速缓解症状。还有一些茶友对咖啡碱特别敏感，他们很害怕喝了茶之后晚上睡不着觉。这种情况下，我们可以减少给他倒茶的量，给别人倒七分满，给他倒三分满。这就叫"因人泡茶"。

85. 如何控制茶会时间？

茶会经常会超时。因为茶会往往会激起茶友的兴致，让他们谈兴大发。但超时过多也会影响茶会的质量。所以，在茶会举办之前，就要做好流程设计，比较准确地预估整场茶会的时间。在中国式茶会上，每一巡茶通常用时20分钟到30分钟。中场休息可以20分钟到30分钟。茶会举办过程中，一般不要轻易插入临时安排的项目。这些项目的插入都可能会导致超时。特殊情况可以特殊处理，但一定要做到对整场茶会的时长心中有数。

86. 如何应对冗长的领导讲话？

有些茶会开场之际，会安排领导或重要嘉宾的讲话。有些领导讲起话来滔滔不绝，会影响茶会的质量。其实大多数茶会本身属于艺术性的活动，并不适合长篇大论的发言。如果有些领导讲话时间过长，可以善意地提醒。最好是在讲话之前告诉他，时长要控制在两分钟或者三分钟之内。

87. 如何应对茶友的挑战？

茶会中有时候会遇到茶友的挑战。茶友如果觉得茶品不对，或者觉得茶会分享的茶知识有错误，都有可能会提出疑问。所以茶会的主办者在茶会之前一定要做好功课，认真对待茶品，做好专业茶知识的准备。不要以来路不明的茶糊弄茶友，也不要讲解一些道听途说、不可靠的茶知识。如果是茶友的认知不足，我们可以善意地指出，对茶品以及茶知识进行更深入的解释。如果茶友的疑问迎刃而解，这种挑战也就自然化解了。如果茶友的疑问还是没有解决，也无须执着于争论，告诉茶友，求同存异即可。

88. 如何应对茶友的提前离场?

茶会中个别茶友可能因种种原因会提前离场。提前离场会对其他茶友产生一定影响。茶友如果需要提前离场,最好是提前告知茶会主人。作为茶会主办者需要注意的是,茶友走了之后最好不要让座位出现大面积的空缺,重要座位应及时安排人员补上。茶会主办者应避免出现大量茶友提前离场的情况,同时要做好相关的应对措施。

89. 如何安排茶会过程中的摄影和摄像活动?

我们当前的时代是一个非常重视传播的时代,人人都是自媒体。在茶会中,摄影和摄像活动就显得非常重要。拍摄应尽量不影响茶友品茗的氛围,可以多选用长焦镜头。在茶会开始之前或结束之后,可以安排合影环节,也可以让茶友自由拍摄。

90. 需不需要有嘉宾发言?需不需要记录嘉宾发言?

在茶会将要结束之际,可以安排嘉宾分享一下参加茶会的感受。如果有必要也可以对嘉宾的发言做记录,方便后期整理和报道。整理的发言如果比较重要,应给嘉宾确认一下,避免出现错误或疏漏。

91. 需不需要有留影和合影环节?

一期一会，每一次茶会都不可重复，每一次茶会都是生命中一段美好的时光。茶会一般也会安排留影、合影环节。留下一个美好的瞬间，留下一段美好的记忆。

92. 如何送别客人?

茶会结束时，主人应在门口送别客人。有些隆重的茶会还会为来宾准备礼物。通常是在茶会结束的时候，将礼物送给客人。

茶会结束后

93. 如何收拾器具?

收拾茶会器具看似简单，实际上细节要求比较多。茶会上使用的器具

很多都非常珍贵，茶器的收拾首先要防止磕碰，尤其是壶嘴的磕碰。瓷器、玻璃器皿要防止互相碰撞。金银器要防止挤压。炭炉要先灭火并进行冷却。洁净器物要防止污染。

94. 如何清洁器具？

对茶器具的清洁也有很多专业要求。紫砂壶清洁之后应倒置并沥干水分。茶友用过的杯子，要彻底清洗，并进行消毒。有些茶器不能高温消毒，那么进行低温消毒。清洁后的器具要分类存放，以便下次使用。这些都要进行专业训练。

95. 如何收拾垃圾？

垃圾的清理也要予以重视，要遵循环保要求，不可污染环境。尤其是户外茶会，如果在公园或者景区举办，这些地方对环境都是高度重视的，茶会举办完毕后，撤场的时候应做到"片屑不留"。垃圾要清理得干干净净，让人感觉这是一场文明的茶会。

96. 如何分享图片给客人？

茶会之后还涉及非常重要的分享环节。茶会现场的照片应尽快整理出来，然后分享给茶友们。分享的照片通常包括合影、茶会现场的环境照片、人员的照片等。可以考虑建立一个本次茶会的临时茶友群，把图片分享到群里供茶友们选取；也可以一对一地发给来宾。这个工作做起来比较细致琐碎，却是很有意义的。

97. 是否需要文、图、视频的报道？

另外，对茶会是否需要进行报道也是值得考虑的。一些重要的茶会可能还会请媒体进行报道，这样就需要将文字、图片或视频等素材提供给对方。有些茶会不需要媒体报道，但是可以通过网络进行宣传，如通过视频号、抖音号、微信公众号等平台。

98. 是否需要对第三方参与人员付费？

茶会结束后还要考虑对外部的参与人员付费。如果茶会主办方自身没有配备相关人员，比如摄影师等，就会涉及有偿外聘人员。涉及付费的话，应提前约定，并在茶会结束后及时付费。

99. 茶会结束后是否需要开总结会?

还有非常重要但常被忽略的一点是：如果你希望茶会越办越好，那么你一定要及时对茶会进行总结。任何一场茶会，不管前期准备多么充分，在实际执行过程中，还是会发现一些问题以及可以改进的地方。在茶会举办过程中，也会产生新的灵感。这些都可以通过开会进行交流，总结做得好的地方和做得不好的地方，这样将来的茶会质量就会越来越好。

年终总结 | 2021年度楚天茶道狠茶会26期精彩回顾

原创 楚天茶道　楚天茶道　2022-01-23 20:46

一巡茶的功夫，2021年已终曲。这一年楚天茶道共举办了26期狠茶会，回顾这一年，我们为各位茶友们准备了《2021年度楚天茶道狠茶会精彩回顾》。

楚天茶道2021狠茶会精彩回顾

|第89期狠茶会||第90期狠茶会||第91期狠茶会|

|第92期狠茶会||第93期狠茶会||第95期狠茶会|

|第96期狠茶会||第97期狠茶会||第98期狠茶会|

|第99期狠茶会||第100期狠茶会||第101期狠茶会|

|第102期狠茶会||第103期狠茶会||第104期狠茶会|

|第105期狠茶会||第107期狠茶会||第108期狠茶会|

|第109期狠茶会||第110期狠茶会||第111期狠茶会|

|第112期狠茶会||第113期狠茶会||第114期狠茶会|

|第115期狠茶会||第116期狠茶会|

100. 是否需要对茶会的文、图、视频等资料进行存档?

最后一点，对茶会的文、图、视频等资料都应予以妥善保存。也许很长时间内你都不会去用它，但是要确保当你需要这些资料的时候，你可以找到它们。保存资料的习惯体现了对自我历史的认可和真实记录的能力。

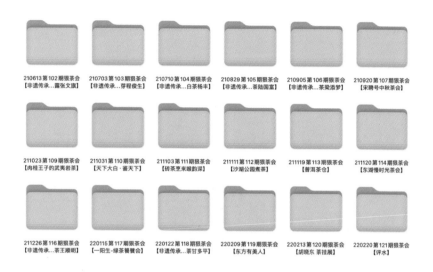

最后的分享：茶会的意义

日日是好日。每一天，我们都要努力活出生活应有的美好。茶会既是对美好生活的赞美，又是在这个并不完美的世界中对于丑恶的批评与不屑。现代社会生存压力较大，茶会给了当代人一个动中求静、闹中取静的平台。"以茶可养生，以茶可行道，以茶可雅志"。举办茶会在某种程度上是借由一杯茶，与天地沟通，与山水沟通，与先贤沟通。

我们总结的这100个茶会的质量检核项，是有效地控制茶会质量的参考工具。

愿我们的茶会越办越好。

后 记

深夜翻阅刚刚收到的样书，内心隐隐涌动着喜悦与忐忑，终于，这本书要与读者和茶友见面了。纸质书的阅读与电子书的阅读真的不同，每一页都是浓浓的回忆，每一页都流淌着当时茶会的温度。

手捧这本即将问世的书，内心充盈着感谢。

感恩天地的赐予，让我们能如此从容地举办茶会；感恩父亲沈先柄、母亲舒人义所给予的教育和滋养；感恩妻子康琼姣、女儿舒桐在茶路上的陪伴与同行。

感谢茶界长辈欧阳勋先生、范增平先生、余悦先生、周文棠先生、刘晓航教授、梁骏德大师，感谢茶界专家王岳飞先生、李守望先生、鄢向荣女士、黄友谊先生、杨丰先生、张文旗先生、宋时磊先生、余映丰先生……因诸多茶人的提携、支持、鼓励和赋能，才有了本书对于中国茶会多维度的呈现。

这本书是集体创作的结晶。书中海量的精美图片，源于胡盛等同仁的精心拍摄；书中的茶会海报，大多由舒桐等同仁精心设计；书中所列茶会的举办，离不开背后默默付出的诸多茶师和同事。本书中精彩的茶会感言，很多都来自我们可爱的茶友们，他们爱茶、懂茶，又体贴、真实、才华横溢。我们的茶会，如果没有高质量的茶友们，就像一场交响乐缺少了和弦与共鸣。

同时我也要深深感谢秀外慧中的杨静老师、陈心玉老师以及华中科技大学出版社优秀的出版团队。一本书的出版，其间的困难只有经历过才知道。因为你们的包容、鼓励以及背后的付出，才有了本书今天的顺利出版。

本书也许还有很多不完美之处，我们坦然以对。但是，以发展的眼光看，本书所呈现的当代中国真实的茶会场景，其实也是中国漫长茶史中的一页，它会随着时间的流逝显示出愈发重要的史料价值。

一期一会，感受喜悦与欢欣。
在茶人的精神中，一期一会，不过是另一种永恒。

图书在版编目（CIP）数据

中国茶会/舒松编著. —武汉：华中科技大学出版社，2023.4
ISBN 978-7-5680-9041-4

Ⅰ.①中… Ⅱ.①舒… Ⅲ.①茶文化-中国 Ⅳ.①TS971.21

中国版本图书馆CIP数据核字（2022）第237822号

中国茶会　　　　　　　　　　　　　　　　　　　　　舒 松 编著
Zhongguo Chahui

总 策 划：杨 静
策划编辑：陈心玉
责任编辑：李 祎
封面设计：三形三色
责任校对：张会军
责任监印：朱 玢
出版发行：华中科技大学出版社（中国·武汉）　　电话：（027）81321913
　　　　　武汉市东湖新技术开发区华工科技园　　邮编：430223
录　　排：沈阳市姿兰制版输出有限公司
印　　刷：湖北新华印务有限公司
开　　本：710mm×1000mm　1/16
印　　张：25
字　　数：354千字
版　　次：2023年4月第1版第1次印刷
定　　价：108.00元